MUNDUS IOVIALIS

DIE WELT DES JUPITER

Reihe „Fränkische Geschichte“, Band 4
Herausgegeben von Dr. Johann Schrenk

Bisher in dieser Reihe erschienen:

Band 1: Wolfgang Rathsam, Die Römer im Gunzenhäuser Land (1983)
Band 2: Chronik der evangelisch-lutherischen Kirchengemeinde Wittelshofen (1987)
Band 3: Hermann Kaussler, Der wilde Markgraf (1987)

Gestaltung: Johann Schrenk und Joachim Schlör
Umschlag: Emmy Riedel Buchdruckerei und Verlag GmbH und Johann Schrenk
Satz und Druck: Emmy Riedel Buchdruckerei und Verlag GmbH, Gunzenhausen
1. Auflage 1988
Printed in Germany
ISBN 3-924270-14-7

SIMON MARIUS
MUNDUS IOVIALIS
– DIE WELT DES JUPITER –

Herausgegeben und bearbeitet von Joachim Schlör

Naturwissenschaftlich begleitet und
mit einem Nachwort versehen von Alois Wilder

Reihe Fränkische Geschichte

SCHRENK-VERLAG

Dieses Buch widme ich
ganz besonders
allen Menschen, die heute
Latein lernen.

Grußwort

Vor etwa 100 Jahren hatte mein Urgroßonkel Theodor, ein ehrsamer Kaufmann in Ulm, herausgefunden, daß unsere Familie auf den „Fürstlich Brandenburgisch bestallten Mathematicum & Medicinae Studiosum Simonem Marium“ zurückginge. Mein Vater hat diese Vermutung aufgegriffen und in den zwanziger Jahren eine Reihe interessanter Originale zusammengetragen – eine Tradition, die ich jetzt nach meiner Pensionierung weiterzuführen versuche.
In diesem Zusammenhang bin ich vor ein paar Jahren auf die glückliche Idee gekommen, auch einmal in Gunzenhausen anzufragen, ob ich gelegentlich vorbeikommen dürfe und einen Blick in die Schule und natürlich auch in die Sternwarte werfen könnte. Der Erfolg war verblüffend! Ich wurde von einer ganzen Versammlung auf die freundlichste Weise empfangen und es entwickelte sich bald ein angeregtes Gespräch über unseren alten Simon. Natürlich auch darüber, daß ich mit meinem „Genügend“ in Latein kaum in der Lage bin, seine Texte als Abendlektüre zu genießen, und daß es doch eine schöne Fleißaufgabe wäre, wenn sich Leute, die das besser verstünden, einmal der Sache annähmen. Als dann im Jahresbericht 1986/87 eine erste Kostprobe aus dem zweiten Teil des Mundus Iovialis abgedruckt war, hegte ich im geheimen den Wunsch, einmal auch die ganze Übersetzung im Zusammenhang zu sehen – **und jetzt ist es soweit!**
Es ist wirklich eine schöne Sache, wenn sich junge Menschen so eifrig und liebevoll mit Dingen befassen, die sich vor fast vierhundert Jahren in ihrer engeren Heimat zugetragen haben. Dabei ist es völlig gleichgültig, ob der gute Simon nun die Jupitermonde **wirklich** einen Tag vor Galilei gesehen hat oder nicht (veröffentlicht hat er es allerdings erst Jahre später!). Viel wichtiger ist, daß er sich durch Fleiß und unermüdliche Ausdauer vom Sängerknaben zum angesehenen Hofbeamten emporgearbeitet hat. Seine Beharrlichkeit, fachliches Wissen zu erwerben, und seine Begabung, persönliche Kontakte richtig zu pflegen, machen ihn jedenfalls zum idealen Schirmherrn über das heutige Gymnasium seiner Geburtsstadt.
Ich möchte an dieser Stelle nicht versäumen, nicht nur in meinem, sondern auch im Namen meines Vetters Richard (der mit seiner großen Familie in Salzburg lebt) der Leitung Ihrer Schule sowie allen Lehrkräften und natürlich auch den Teilnehmern des Leistungskurses „Latein“ meinen ganz besonderen Dank dafür auszusprechen, daß sie das Hauptwerk unseres Ahnherrn in lesbare Form gebracht haben und daß jetzt auch unsere zahlreichen Enkelkinder ihren Uropa der dreizehnten Generation lesen können!

Herbert Marius
Dipl.-Ing.

Grußwort

In einem großen Universallexikon steht über Simon Marius unter anderem folgendes:

„. . . Er wurde 1573 in Gunzenhausen geboren und war ab 1605 Hofastronom in Ansbach, verfaßte zahlreiche astrologische Kalender und Prognostika, entdeckte den Andromedanebel und unabhängig von G. Galilei die ersten vier Jupitermonde. Sein Hauptwerk ist ‚Mundus Iovialis', zu deutsch: ‚Die Welt des Jupiter'. . ."

In seiner Zeit lebte und wirkte in Europa eine Reihe von bedeutenden Astronomen: Galileo Galilei in Italien, Tycho Brahe in Dänemark und Johannes Kepler in Deutschland. Dazu zählt auch Simon Marius. Die Entwicklung des Fernrohres ermöglichte neue astronomische Entdeckungen und Erkenntnisse und leitete damit eine Revolution des astronomischen Weltbildes ein.

Simon Marius war ohne Zweifel ein bedeutender Wissenschaftler seiner Zeit. Um so unverständlicher ist es, daß sein Hauptwerk „Mundus Iovialis" nie ins Deutsche übersetzt worden ist. Deshalb wurde es von mir sehr begrüßt, daß im Schuljahr 1986/87 Schüler des Leistungskurses Latein diese Übersetzung im Rahmen ihrer Facharbeit besorgten. Sie wurden dabei beraten von ihrem Kursleiter Oberstudienrat Joachim Schlör und von Oberstudienrat Alois Wilder, der ihnen astronomische Hilfestellungen gab. Ihnen allen und auch dem Verleger Dr. Johann Schrenk, der die Herausgabe der Übersetzung ermöglichte, ist herzlich zu danken. Damit wurde der wissenschaftlichen Arbeit eines großen Sohnes der Stadt Gunzenhausen, des Namenspatrons unseres Gymnasiums, endlich die ihr gebührende Aufmerksamkeit und Würdigung zuteil.

Werner Pilhofer
Oberstudiendirektor
am Simon-Marius-Gymnasium
Gunzenhausen

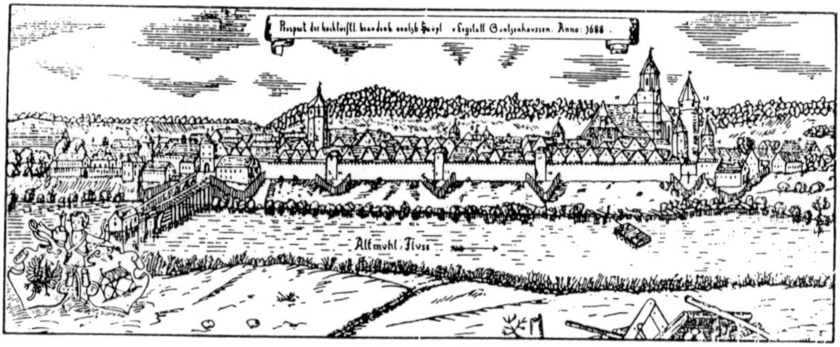

„Prospect der hochfürstlichen brandenburgisch-onolzbachischen Haupt- und Legstatt Guntzenhaussen – Anno 1688“

Vorwort

Wer war Simon Marius? Seine Werke sind heute in alle Winde zerstreut, an einer Übersetzung ins Deutsche schien bisher kein Bedarf. In einem Heimatbuch über seine Geburtsstadt Gunzenhausen ist ihm immerhin eine Viertelseite gewidmet. Vergessen also – vergessen und vorbei? Der Dank der Heimat?

Zu Lebzeiten wurde dem Simon Marius immerhin einige Anerkennung zuteil. In seinem *Mundus Iovialis* bedankt er sich beim Ansbacher Fürsten Joachim Ernst ob der Fürsorge für ihn und seine Familie. Jahre später verlieh die Stadt Gunzenhausen dem Entdecker der Jupitermonde einen silbernen Becher – gefertigt für sechseinhalb Gulden vom Gunzenhäuser Goldschmied Heckel.

Klingende Anerkennung durch den mehr auf das Kriegswesen als auf die Wissenschaft bedachten Markgrafen wurde Marius nicht zuteil. Vielmehr mußte er sich mit kleinem Gehalt begnügen, sich Nebenverdienst verschaffen, indem er Kalender schrieb, meteorologische Vorhersagen machte und kranke Bauern ärztlich behandelte.

Der große Ruhm blieb unserem Mathematiker und Astronomen also versagt – aber er hatte auch nicht, wie viele seiner Kollegen, unter den Nachstellungen der Kirche zu leiden: auf weltanschauliches Terrain wagte sich Simon Marius nur in Ansätzen vor.

Halten wir uns vor Augen: Giordano Bruno wurde im Jahr 1600 in Rom auf dem Scheiterhaufen verbrannt, Johannes Kepler 1619 exkommuniziert, seine Mutter einem jahrelangen Hexenprozeß unterzogen. Galileo Galilei zwang die Inquisition 1633 zum Widerruf und erst im Jahr 1986 wurde er von der katholischen Kirche voll rehabilitiert.

Die großen Denker der Zeit revolutionierten das überkommene Weltbild. 1750 Jahre lang hatte des Aristoteles' Satz gegolten, „ . . . das die Erde von noth wegen Mitten in der Welt vnbeweglich sein muesse, . . . dieweil alle schwäre sachen, die mit gewalt vbersich geschnellet oder geschossen werden, . . . wieder herunter fallen an jren anfenglichen Ort, wan sie auch vnentlich hoch durch die gewalt vbersich geworffen wären“ (Aristoteles, *Über den Himmel*, 2, 14, 28f., in Keplers Übertragung).

Doch nun forderte Nikolaus Kopernikus in seinem *Commentariolus*: „Erster Satz: Für alle Himmelskreise oder Sphären gibt es nicht nur einen Mittelpunkt.“ Giordano Bruno und Kepler sahen in der Welt ein mathematisch perfektes Gebäude. Seine Elemente stehen in vollkommener Harmonie. Giordano Bruno: „So ist denn das Universum ein Einiges, Unendliches, Unbewegliches. . . . Wir suchen Gott im Glanz der Sonne, . . . dem Anblick unzähliger Gestirne, die am unermeßlichen Saume des Himmels leuchten, leben, fühlen, denken . . .“ Kepler entwickelte die Theorie der mathematisch-musikalischen Weltharmonie: „Gib dem Himmel Luft, und es wird wirklich und wahrhaftig Musik erklingen.“

Zehn Jahre nach dem Tod des Simon Marius schwor Galilei in Rom unter Androhung der Folter dem Kopernikanismus ab, daß nämlich „die Sonne der Mittelpunkt der Welt ist, und daß sie sich nicht bewegt, und daß die Erde nicht der Mittelpunkt der Welt ist, und daß sie sich bewegt." In dieser ungeheuer fruchtbaren Zeit lebte – am Rand der großen Welt – Simon Marius.

Simon Marius war der Sohn des Böttchers Reichart Mayr, des Bürgermeisters von 1576. „Eben an disem tag (= am zehnten Januar des Julianischen Kalenders) anno 1573, halbwegs zwölf Uhr nach Mittag in der Nacht, bin ich auff diese Welt zu viel Creutz und Leyden geboren zu Guntzenhausen an der Altmühl, dessen latitudo ist 49 Grad sechs Minuten, longitudo 35 Grad 0 Minuten."

Marius hatte Patricia, die Tochter des Nürnberger Verlegers Lauer, geheiratet und sie hatten zehn Kinder, fünf von ihnen starben früh. Stationen im Leben des Marius waren der Besuch der Heilsbronner Fürstenschule, ein Aufenthalt bei Tycho Brahe an der Universität von Prag, ein vierjähriges Studium der Medizin in Padua und dann die Anstellung in Ansbach als fürstlicher Hofmathematiker und Astronom.

Als einer der ersten benützte er ein „Belgisches Fernrohr" zur Himmelsbeobachtung. Viel präziser als andere bestimmte er die Position der Supernova im Sternbild des Ophiuchus, die 1604 aufleuchtete und größte Aufmerksamkeit erregte. Er schrieb *Prognostica*, Kalender mit Wettervorhersagen, und veröffentlichte *Tabulae*, Tabellen zur Positionsbestimmung von Himmelskörpern. Er unterhielt einen regen Briefwechsel mit den Größen der Fachwelt: Fabricius, Kepler und Mästlin. Die Veröffentlichung seines Buches über die Entdeckung des Andromedanebels (1612) im Jahre 1625 erlebte er nicht mehr. Am 26. Dezember des Jahres 1624 starb Marius im Alter von 50 Jahren. Insgesamt hat er 72 Schriften verfaßt, von denen 61 erhalten sind.

Des Marius' Hauptwerk ist der *Mundus Iovialis* (Die Welt des Jupiter), veröffentlicht am 18. Februar 1614. Er beschreibt in ihm seine Beobachtungen am Jupitersystem seit 1609, insbesondere die Entdeckung und Beobachtung der Jupitermonde. Leider veröffentlichte er sein Buch erst vier Jahre später. Galileis Entdeckungsbericht zur selben Sache vom Anfang des Jahres 1610, der *Nuncius Sidereus*, erschien aber noch im gleichen Jahr 1610. Galilei, erlauchter Professor an der Venezianischen Universität von Padua seit 1592, hatte eben bessere Möglichkeiten, seine Erkenntnisse schnell zu veröffentlichen, als ein kleiner Provinzastronom.

Schon zu Marius' Lebzeiten war ein heftiger Streit entbrannt darüber, wer denn nun der eigentliche Entdecker der Monde des Jupiter gewesen sei. Seit 1899 nimmt man sich der Frage ernstlich an – und das mit dem eindeutigen Ergebnis, daß von einem „Betrug" des Marius keine Rede sein könne. Kein einziger Astronom hat seither diese Anschuldigung wiederholt!

In neuerer Zeit hat der Bamberger Astronom Professor E. Zinner das Lebenswerk des Simon Marius dargestellt und wohlwollend gewürdigt. Am Ende seines Aufsatzes mit dem Titel „Zur Ehrenrettung des Simon Marius" von 1942

fordert er, „daß die Stadt Ansbach zu Ehren ihres Bürgers Simon Marius, eines vortrefflichen Astronomen, sein Hauptwerk *Mundus Iovialis* durch Faksimiledruck der Vergessenheit entreißt, wie es mit den wichtigsten Schriften seiner Zeitgenossen geschah, und durch Überreichung an die großen Bibliotheken der Erde verbreitet . . .". Dieser Forderung wird nun das Simon-Marius-Gymnasium in Gunzenhausen nachkommen.

Der sehr gut erhaltene Text des *Mundus Iovialis* befindet sich in der Nürnberger Stadtbibliothek, in der Bibliothek von Wolfenbüttel und in der Staatlichen Bibliothek (Schloßbibliothek) Ansbach. Über die Druckauflage ist nichts bekannt. Eine Übersetzung ins Deutsche existierte bisher nicht.

Die vorliegende Übertragung ins Deutsche ist eine Gemeinschaftsarbeit eines lateinischen Leistungskurses, größtenteils im Rahmen der Facharbeit an der Kollegstufe des Gymnasiums. Die Übersetzungen haben angefertigt:

Wolfgang Kühlechner	Silvia Büscher
Regina Käufer	Sandra Dobmeier
Kerstin Behr	Diana Rothenbach
Judith Peter	Werner Stafflinger und
	OStR Joachim Schlör

Der Lateinkurs hat zum Buch auch einen Videofilm gedreht mit dem Titel „Simon Marius, Mundus Iovialis – Die Welt des Jupiter", in welchem wir die Person des Simon Marius charakterisiert und wichtige Aspekte seines Hauptwerkes dargestellt haben. Hierbei hat Jürgen Winter tatkräftig mitgearbeitet, wofür ihm herzlich gedankt sei.

Das vorliegende Buch enthält im wesentlichen nur den Originaltext und die Übersetzung. Ausführliche Kommentare hätten seinen Rahmen gesprengt. Wir möchten uns allerdings wünschen, daß der Text Anlaß für weitere Forschung und Erklärung sein wird, bietet er doch vielerlei naturwissenschaftliche, historische, sprachliche und soziologische Ansätze. Vielleicht entsteht daraus einmal ein Folgeband zum Text.

Auch der Schulunterricht kann von der vorliegenden Arbeit profitieren. Warum sollte man die Schüler nicht einmal mit den „sieben Phänomenen" des Mundus Iovialis in die Anfänge der Astronomie einführen? Im Geometrieunterricht ließe sich etwa der Strahlensatz anhand der geometrischen Figuren zur Bestimmung des Abstandes zwischen Erde und Jupiter behandeln. Ein Informatikkurs könnte ein Computerprogramm erstellen, mit dem man die Tabellen („tabulae") verifizieren kann.

Im Lateinunterricht der Mittelstufe könnte die relativ einfache Sprache des Simon Marius eine willkommene Abwechslung bieten: Interessant ist etwa die Erzählung von der Frankfurter Messe 1608 in der Einleitung („quando celebrabantur Nundinae Francofurtenses . . ."). Eine schöne Überleitung zur Ovidlektüre bietet die Benennung der vier Jupitermonde Io, Europa, Ganymed und Callisto:

Io, Europa, Ganymedes puer, atque Callisto
Lascivo nimium perplacuere Iovi.

Im Leistungskurs Latein gäben die Hinweise auf das neue Weltbild des Humanismus Anlaß zur Diskussion. Facharbeiten in Sozialkunde könnten im Themenbereich „Geist und Macht" das Verhalten unseres Autors gegenüber seinem Fürsten darstellen („... animo plus quam submisso ...").

Unser Dank gilt an dieser Stelle dem Direktor des Simon-Marius-Gymnasiums, Herrn Oberstudiendirektor WERNER PILHOFER. Er hat unser Vorhaben von Anfang an wohlwollend begleitet und unterstützt.

Wir bedanken uns auch bei Herrn Oberstudienrat ALOIS WILDER, dem Physiker und Betreuer unserer Sternwarte. Ihm verdanken wir die naturwissenschaftliche Beratung bei unserer Arbeit. Herr Wilder hat sich auch sofort bereiterklärt, ein Nachwort aus astronomischer Sicht zu diesem Buch zu verfassen.

Gunzenhausen, im November 1988

Joachim Schlör

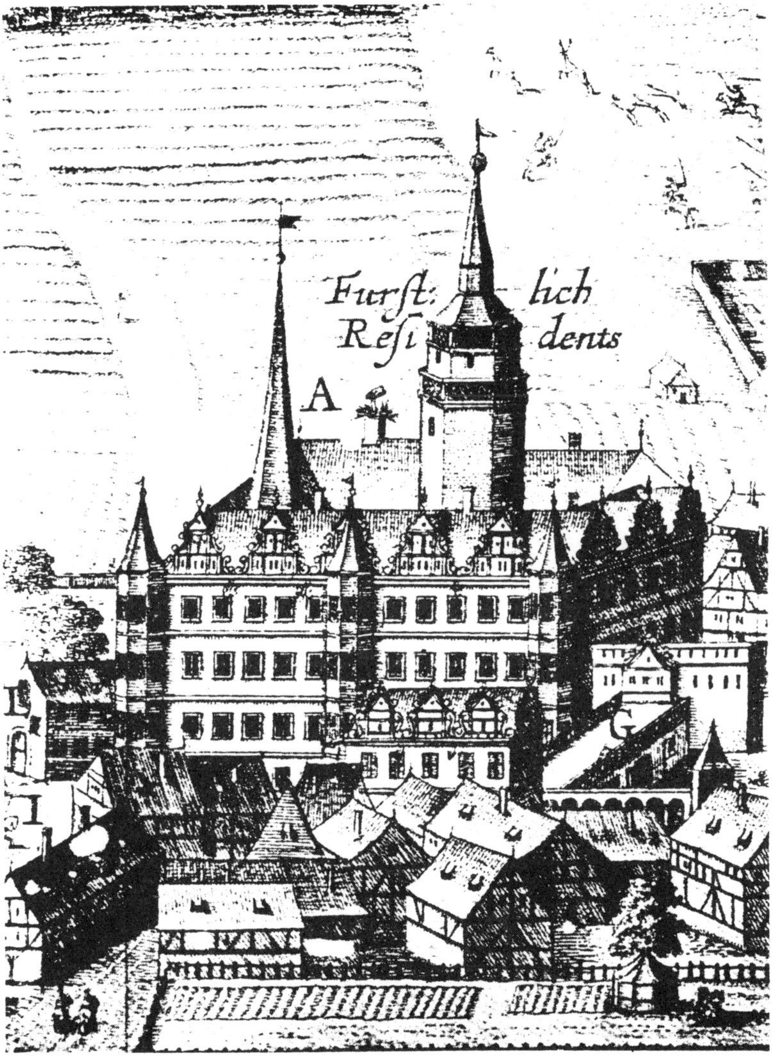

Die Residenz im Jahre 1642
Ausschnitt aus dem Prospekt der Stadt Ansbach
Kupferstich von Wenzel Hollar
(Stadtarchiv Ansbach)

MUNDUS
IOVIALIS
ANNO M. DC. IX.
DETECTUS OPE
PERSPICILLI
BELGICI,

Hoc est,

QUATUOR JOVIALIUM PLANETARUM, CUM THEORIA, TUM TABULÆ, PROPRIIS OBSERVATIONIBUS MAXIME FUNDATÆ, EX QUIBUS ſitus illorum ad Iovem, ad quodvis tempus datum promptiſſimè & facilimè ſupputari poteſt.

Inventore & Authore

SIMONE MARIO GUNTZENHUSANO, MARCHIONUM BRANDENBURGENSIUM IN FRANCONIÂ MATHEmatico, puriorisque Medicinæ Studioſo.

Cum gratia & privil. Sac. Cæſ. Majeſt.

Sumptibus & Typis IOHANNIS LAURI Civis & Bibliopolæ Noribergenſis, ANNO

M. DC. XIV.

DIE WELT
DES JUPITER
im Jahre 1609
entdeckt mit Hilfe
des belgischen Fernrohrs,
nämlich

sowohl die Theorie der vier Monde des Jupiter
als auch die Tabellen, welche
durch eigene Beobachtungen sehr gut ab-
gestützt sind und es gestatten, eine
sehr rasche und einfache Berechnung
der Positionen jener Monde zum Jupiter
zu jedem beliebig gegebenen
Zeitpunkt vorzunehmen.

Vom Entdecker & Verfasser
SIMON MARIUS AUS GUNZENHAUSEN,
Mathematiker der Markgrafen von
Brandenburg in Franken
& Anhänger der reineren Medizin.

Mit der Huld & Erlaubnis
der Heiligsten Kaiserlichen Majestät

Druck & Verlag: Johann Lauer,
Bürger und Buchhändler zu Nürnberg,
im Jahre 1614

Das zweimal gespaltene und dreimal geteilte Wappen des Markgrafen zeigt in seinen Feldern:

1. Feld (obere Reihe Mitte):	**Brandenburg** (roter Adler in Silber)
2. Feld (obere Reihe links):	**Burggraftum Nürnberg** (schwarzer Löwe mit roter Zunge)
3. Feld (obere Reihe rechts):	**Pommern** (roter Greif in Blau mit weißer Krone)
4. Feld (zweite Reihe Mitte):	**Stettin** (roter Greif in Silber)
5. Feld (zweite Reihe rechts):	**Wenden** (rot-grün geteilter Greif)
6. Feld (zweite Reihe links):	**Cassuben** (grün-rot geteilter Greif)
7. Feld (dritte Reihe Mitte):	**Jägerndorf**
8. Feld (dritte Reihe links):	**Preußen** (Altfassung: schwarzer Adler in Gold, trägt neben dem S auf der Brust zur Erinnerung an den ersten Lehensherrn, König Sigismund von Polen, eine goldene Krone um den Hals)
9. Feld (dritte Reihe rechts):	**Schlesien** (schwarzer Adler in Gold, auf der Brust ein Halbmond, in der Mitte mit einem Kreuz belegt)
10. Feld (untere Reihe Mitte):	**Rügen** (im gold-schwarz geteilten Feld ein aus einer abgetreppten Mauer wachsender schwarzer Löwe)
11. Feld (untere Reihe links):	**Blut- oder Regalienfeld**
12. Feld (untere Reihe rechts):	**Zollern** (weiß-schwarz geviertes Feld)

Auf dem Wappenschild ruhen drei goldene Spangenhelme:

in der Mitte:	**Brandenburg** (auf Helmkrone offener schwarzer Doppelflug, mit goldenen Kleestengeln belegt und mit goldenen Lindenblättern besät)
links:	**Burggraftum Nürnberg** (hermelingestülpter Fürstenhut, darauf rotgekrönter und rotbewehrter Löwe mit rotsilbernen Büffelhörnern)
rechts:	**Pommern** (Helmkrone mit grünen Pfauenfedern besteckt, die aus einem Fürstenhut wachsen)

ILLUSTRISSIMIS PRINCIPIBUS AC DOMINIS, DOMINO CHRISTIANO, AC DOMINO IOACHIMO ERNESTO, FRATRIBUS, MARCHIONIBUS BRANDENBURgicis, Borrussiæ, Stetini, Pomeraniæ, Cassubiorum, Vandalorum, & in Silesia, Crosnæ & Jegerndorfij Ducibus, Burggravijs Noribergensibus, & Principibus Rugiæ, &c. Dominis meis clementissimis.

ILlustrissimi & Celsissimi Principes, Domini Clementissimi, annus nunc agitur sexagesimus tertius, ex quo sub nomine & Authoritate Illustrissimi Principis, ALBERTI *Marchionis Brandenburgici, Ducis Borussiæ, laudatissimæ memoriæ, Excellentissimus & Clarissim. Mathematicus Erasmus Reinholdus tabulas suas secundorum mobilium,*

)(2

GEWIDMET DEN ERLAUCHTESTEN FÜRSTEN & HERREN, DEN BRÜDERN HERRN CHRISTIAN & HERRN JOACHIM ERNST,

den Markgrafen zu Brandenburg,
in Preußen, zu Stettin, Pommern,
der Cassuben & Wenden,
in Schlesien, den Herzögen zu Crossen und
Jägerndorf, sowie
den Burggrafen von Nürnberg
& den Fürsten zu Rügen usw.,
meinen allergnädigsten Herren

Erlauchteste und erhabenste Fürsten,
gnädigste Herren!

Nun schreiben wir bereits das dreiundsechzigste Jahr, seit dem im Namen und unter Förderung des erlauchtesten Fürsten Albrecht von Brandenburg, des Herzogs in Preußen, hochgerühmten Andenkens, der äußerst vortreffliche und berühmte Mathematiker Erasmus Reinhold seine Tabellen über die umlaufenden Himmelskörper, die

biliū, Prutenicas vocatas, publici juris fecit, quarum etiam usus, quia similes, correctiores, & cœlo propius correspondentes nulla unquam ætas vidit, per totam Europam hactenus unus & maximus fuit. Ex his enim tot Ephemeridum volumina deducta sunt; ex earum fundamento emendatio Calendarij derivata est; his usi sunt omnes ij qui ab eo tempore publicationis, de annuis & Nativitatum constellationibus prognostica conscribere soliti sunt. Hac ratione celeberrimum atque immortale nomen tanti Principis in omnes provincias totius Europæ, ubi studia liberalium artium floruêre, cum tabulis his emanavit. Non autem sufficiebat Reinholdo optimo viro, per dedicationem solam, Summi Principis memoriam toti mundo pandere, sed etiam effecit, ut ab eo tabulæ suum nomen acceperint, dum Prutenicas nominari voluit, ut ita, quotiescunque tabularum mentio fieret, memoria laudatissimi Principis simul renovaretur.

Quæ fuit autem causa animi adeò grati in Reinholdo? Eam licet colligere non solum ex hac tabu-

Preußischen Tafeln genannt, der Öffentlichkeit zugänglich gemacht hat.

Diese standen bis jetzt in ganz Europa als einzige im allgemeinen Gebrauch, weil kein Zeitalter jemals ähnliche Berechnungstabellen gesehen hat, die den Lauf der Sterne genauer dargestellt hätten. Aufgrund dieser Tafeln sind nämlich so zahlreiche Bände von Forschungsberichten erarbeitet worden. Auf ihrer Grundlage hat man einen verbesserten Kalender entwickelt. Diese Tabellen haben all diejenigen benutzt, welche seit dem Zeitpunkt der Veröffentlichung über die jährlich wiederkehrenden und an Geburtstagen vorherrschenden Stellungen der Gestirne ihre Prognostica (Vorhersagen) niederzuschreiben pflegten. Auf diese Weise hat sich mit diesen Tafeln auch der hochberühmte und unsterbliche Name des so großen Fürsten über all die Gebiete ganz Europas verbreitet, in denen ebenfalls die Bemühungen um die freien Künste in Blüte standen. Dem vortrefflichen Reinhold aber genügte es nicht, nur durch eine Widmung das Gedenken an seinen allerhöchsten Fürsten auf der ganzen Welt zu verbreiten, sondern er hat auch dafür gesorgt, daß die Tafeln von ihm seinen Namen erhielten, da er sie „Preußische Tafeln" genannt haben wollte. Auf diese Weise sollte man immer des höchst gepriesenen Fürsten gedenken, so oft man die Tabellen erwähnte.

Was aber war bei Reinhold der Grund für eine so dankbare Gesinnung? Man kann den Grund dafür nicht nur aus dieser Widmung der Preußi-

tabularum Prutenicarũ dedicatione , verum etiam ex aliis à se editis scriptis: fuerunt autem inprimis hæ duæ , nimirum amor Celsissimi Principis non saltem erga studia Mathematica , & eos ipsos, qui talia excolebant , verum etiam beneficia summa, & liberalitas, qua cultores hujus facultatis , inprimis dictũ Reinholdum abundè prosequebatur. Non dubium est , quin beneficentissimus ille Princeps ALBERTVS in suâ aulâ plures habuerit, quos muneribus & honore affecerit , ut in aulis Principum fieri solet, at illorum beneficio, memoria Ipsius Celsitudinis jam dudum interiisset , cum per liberalitatem in Reinholdum collatam , non modo fama celeberrima totam Europam penetrarit, sed etiam nomen Illustrissimi Principis immortale redditum sit.

Quorsum autem hæc à me recensentur? Illustrissimi Principes , ac Domini Clementissimi , gratus agnosco beneficia summa , quæ à Celsitudine Vestra in me clementissime & cumulatissime sunt profecta , quorum ante hac quoque in dedicatione prognostici annui mentionem feci , & ex parte in

)(3 hoc

schen Tafeln ersehen, sondern auch aus anderen, von ihm veröffentlichten Schriften. Vor allem sind es folgende zwei Gründe gewesen: Zweifelsohne ist es sowohl die Liebe des erhabensten Fürsten gegenüber mathematischen Studien und gegenüber denjenigen selbst, welche solche pflegten, als auch höchste Förderung und Großzügigkeit, mit welcher er die Wissenschaftler, die diese Fakultät weiter ausbauten, besonders jedoch besagten Reinhold, im Überfluß beschenkt hat.

Es besteht kein Zweifel, daß jener außerordentlich wohltätige Fürst Albrecht an seinem Hofe noch mehr solche Leute hatte, welche er mit Ämtern und Ansehen beschenkte, wie es an den Höfen der Fürsten oft geschieht. Wenn aber der Fürst nur auf das Wirken jener Leute gesetzt hätte, wäre die Erinnerung an seine Hoheit selbst schon längst untergegangen; durch die dem Reinhold erwiesene Großzügigkeit jedoch ist nicht nur in ganz Europa der glänzende Ruf bekannt geworden, sondern hat der Name des erlauchtesten Fürsten auch Unsterblichkeit erlangt.

Aber in welcher Absicht wird dies von mir erwähnt? Erlauchteste Fürsten und gnädigste Herren! Dankbar erkenne ich höchste Wohltaten an, welche ich von Eurer Hoheit auf gnädigste Weise und in reichlichstem Maße empfangen habe; diese habe ich bereits zuvor in der Widmung meines alljährlichen Prognosticons erwähnt; sie werden auch teilweise

hoc ipſo libello in capite de nominibus imponendis his planetis Iovialibus enumerantur: Verum, ut uno verbo dicam, talia & tanta ſunt, ut à me nunquam ſatis compenſari poſſint. Quare laudabili exemplo Reinholdi excitatus ego, cum aliud pro tantis beneficijs C. Cni. V. Væ reddere nequeam, ſiquidem aurum & argentum non habeam, & indigentia omnium fere Mathematicorum accidens ſit quaſi inſeparabile, ne tot & tanta beneficia oblivioni unquam darentur, ideo memoriam illorum, inprimis à C.Cis. Vᵉ. Væ hac ipſa dedicatione & humilima oblatione Mundi Iovialis, *cœlo aſcribere volui, ut ita cum his Iovialibus ſideribus, beneficia C. Cis. V. Væ ad mundi uſque finem, apud omnem poſteritatem, cui ſidera cœli curæ erunt, commendatiſſima & notiſſima eſſent: Hac ratione C.Cis. V. Væ ſumptus, tum etiam vigiliæ laboreſque mei optime collocati videbuntur. Vltra quadriennium enim integrum, à prima hujus Mundi Iovialis detectione, facta à me cum perſpicillo belgico, Deo ſic diſponente, conſumpſi, & incredibiles labores, vigilando, obſervando & cal-*

schon im Kapitel über die Namensbeilegung für diese jupiterschen Gestirne in diesem Büchlein selbst aufgezählt. Aber sie sind, um es mit einem Wort zu sagen, etwas so Bedeutsames und Großes, daß ich sie niemals hinreichend erwidern könnte. Von dem so lobenswerten Beispiel Reinholds also ermutigt und deshalb, weil ich nicht imstande bin, Eurer gnädigsten, ehrwürdigen Hoheit etwas anderes zum Dank für die so großen Wohltaten zu erweisen – ich besitze ja weder Geld noch Gold, und die Not fast aller Mathematiker ist eine sozusagen unausweichliche Begleiterscheinung –, habe ich, damit so zahlreiche und so große Wohltaten niemals der Vergessenheit anheimgegeben würden, die Erinnerung an jene besonders durch die Widmung und untertänigste Darbietung der „Welt des Jupiter“ an Eure gnädigste, ehrwürdige Hohheit unsterblich machen wollen, damit so, zusammen mit den jupiterschen Gestirnen, die Wohltaten Eurer gnädigsten, ehrwürdigen Hoheit bis zum Ende der Welt und in den Augen der gesamten Nachwelt, die die Gestirne des Himmels wissenschaftlich erforscht, höchst angesehen und bekannt wären. Auf diese Weise werden der hohe Aufwand Eurer gnädigsten, ehrwürdigen Hoheit und letztlich auch meine Nachtwachen und meine Mühen als sehr nutzbringend eingesetzt erscheinen.

Seit der ersten Entdeckung dieser Welt des Jupiter nämlich, die ich mit dem belgischen Fernrohr gemacht habe, habe ich, weil Gott es so eingerichtet hat, mehr als vier volle Jahre zugebracht; unglaubliche Stra-

& calculando sustinui, usque dum omnes, ut opinor, motuum diversitates in apparentiâ deprehendi, deprehensas conveniente theoriâ excusavi, & ex hac tandem tabulas construxi, ex quibus facili negocio ad quodvis tempus datum, situs horum siderum ad Iovem supputari atque manifestari potest. Reinholdus quidem integrum septennium insumpsit conditione suarum tabularum Prutenicarum, at ille adjutus fuit observationibus annorum plus minus bis mille, tum etiam tabulis Alphonsinis, quin & inventionibus & observationibus Copernici: At hæ commoditates omnes mihi defuere: Præterea planetæ, quorum canones Reinholdus condidit, inde à creato Mundo cogniti fuere; Mei vero usque in annum 1609. omnibus hominib. incogniti & inobservati. Non autem hæc à me eò dicuntur, quasi labores & authoritatem Reinholdi optimi viri, extenuare velim, sed potius ut mei labores juxta Reinholdi positi evidentiores evadant, atque hac ratione ijs etiam authoritatis aliquid accedat.

Accipite ergo Illustrissimi Principes, Domini

pazen habe ich mit Nachtwachen, Beobachten und Rechnen auf mich genommen, bis ich, wie ich glaube, all die vielfältigen Bewegungen, wie sie uns erscheinen, erfaßt, die Erkenntnisse mit einer passenden Theorie erklärt und aus dieser letztendlich die Tafeln erstellt habe, aus denen leicht zu jedem beliebig vorgegebenen Zeitpunkt die Stellung dieser Gestirne zum Jupiter berechnet und festgestellt werden kann. Freilich hat Reinhold auf die Erstellung seiner Preußischen Tafeln volle sieben Jahre verwendet; aber jener konnte sich auf Beobachtungen aus etwa zwei Jahrtausenden stützen, weiterhin auch noch auf die Alfonsinischen Tafeln, ja sogar auf die Entdeckungen und Beobachtungen des Kopernikus.

Aber all diese Bequemlichkeiten haben mir gefehlt! Ferner waren die Planeten, für die Reinhold seine Formeln erstellt hat, von der Erschaffung der Welt an bekannt. Meine Planeten jedoch waren bis zum Jahre 1609 allen Menschen gänzlich unbekannt und noch unbeobachtet. Dies wird aber von mir nicht deshalb erwähnt, weil ich etwa die Leistungen und das Ansehen Reinholds, eines sehr vortrefflichen Mannes, herabsetzen wollte, sondern damit vielmehr meine Arbeiten, neben die Arbeiten Reinholds gelegt, sich als einleuchtender erweisen und auf diese Weise auch größeres Gewicht erhalten.

Daher, erlauchteste Fürsten und gnädigste Herren, nehmt hin, ich bitte

ni Clementissimi. Accipite quæso animo propenso & clementi Mundum hunc Iovialem, à me Celsitudinis Vestræ Mathematico obsequentissimo detectum & pro virili elaboratum & exornatum.

Non ego ullam laborum compensationem, aut honoris sive officij alicujus auctionem à Celsitudine Vestra peto siquidem ea omnia, quæ hac in parte à me proficisci possunt, Vestra sunt, Vestris sumptibus parta & procurata: Ego quoque eâ gratia contentissimus sum, quæ hactenus à Celsitudine Vestra mihi contigit, aulicamque vitam & dignitatem, cui quidam maximo suo damno, interdum nimis avidè inhiant, nihili facio, sed potius vitâ privatâ, & studijs philosophicis delector, & sic officio fungor meo.

Hoc unum à Celsitudine Vestra animo plusquam submisso peto, ut gratiam & favorem eum, quo me hactenus Clementissimè complexi estis, continuare velitis, & me unicum ex tanto Alumnorum Heilsbronnensium numero, ad hæc sublimia

Euch darum, in geneigter und gnädiger Gesinnung diese „Welt des Jupiter“, die von mir, dem gehorsamsten Mathematiker Eurer Hoheit, entdeckt und nach Maßgabe meiner Kräfte sorgfältig ausgearbeitet und ausgeschmückt worden ist.

Ich verlange nicht irgendeinen Lohn für meine Bemühungen, noch begehre ich von Eurer Hoheit die Zuerkennung irgendeines Titels oder Amtes, da ja all das, was in diesem Bereich von mir geleistet werden kann, das Eurige ist, auf Eure Kosten geschaffen wie auch besorgt.

Ich bin auch höchst zufrieden über die erwiesene Gunst, welche mir bisher von Eurer Hoheit zuteil geworden ist, und ich mache mir weder etwas aus einem Leben noch aus einer Stellung am Hofe, nach welcher gewisse Menschen mit größtem eigenen Aufwand bisweilen allzu gierig trachten; vielmehr genieße ich mit Freuden das private Leben und die philosophischen Studien, und so tue ich meine Pflicht.

Mit mehr als demütigem Sinn begehre ich doch noch dies eine von Eurer Hoheit: daß Ihr nämlich die Gnade und Zuneigung, die Ihr mir bisher auf gnädigste Weise habt angedeihen lassen, auch in Zukunft erweisen möget; mich, der ich als einziger aus der so großen Zahl der Heilsbronner Zöglinge zweifellos von Gotteshand zu diesen erhabenen

limia ſtudia Mathematica, divinitus procul dubio excitatum, ætate jam & familiâ auctum, & in ſumma cerebri imbecillitate conſtitutum ne deſeratis, in quam præcipue ob hoc ſtudium, quod totum hominem requirit, incidi, & in quo αὐτοδίδακτος fui, & nullo unquam vivo præceptore uſus ſum: Quod malum in Italia caſus ab alto lethalis plurimum auxit.

Viciſſim ego, quoad vixero, ſummam obedientiam, integerrimam fidem & in rebus demandatis poſſibilem diligentiam ſanctè polliceor.

Quod ſupereſt, æternum DEVM & Patrem Domini & Salvatoris noſtri JESV CHRISTI veris ſuſpirijs & pectore fideli precor, ut Celſitudinem Veſtram in felici omnium rerum ſtatu diu conſervare, & cum animæ, tum corporis, tum etiam fortunæ bonis affluentiſſimè cumulare velit.

Vltimo poſt DEVM, Celſitudinis Veſtræ Clementiſſimæ affectioni me commendo.

)( )(*Daban-*

mathematischen Studien angeregt worden bin, laßt nicht im Stich, da mein Alter schon vorgerückt ist, ich eine große Familie habe, und die Kraft meines Verstandes völlig geschwächt ist; diese Schwäche habe ich mir ja besonders durch diese meine wissenschaftliche Arbeit zugezogen, welche den ganzen Menschen für sich beansprucht und in der ich ein Autodidakt war, der ich noch nie einen lebenden Lehrmeister gehabt habe. Dieses Leiden hat in Italien ein lebensgefährlicher Sturz aus einer beachtlichen Höhe um sehr vieles verschlimmert.

Ich meinerseits gelobe feierlich höchsten Gehorsam, redlichste Treue und in mir anvertrauten Angelegenheiten größtmögliche Sorgfalt, solange ich lebe.

Als letztes bitte ich den ewigen Gott und Vater unseres Herrn und Erlösers Jesus Christus mit echtem Seufzen und mit treuem Herzen, daß er Eure Hoheit lange in einer glücklichen Lage in jeglicher Hinsicht bewahren und mit allen Vorzügen einerseits des Körpers und andererseits des Geistes und auch mit allen Glücksgütern reichlichst beschenken möge.

Schließlich vertraue ich mich, nach Gott, der Zuneigung Eurer gnädigsten Hoheit an.

Dabantur Onoltzbachij ex meo obſervatorio A-ſtronomico, die Concordiæ, qui erat 18. Februarij, Anno M. DC. XIV.

C. Cis. V. Væ

Obſequentiſſimus & Humilimus Mathematicus

Simon Marius.

Gegeben aus meiner astronomischen Beobachtungsstation zu Ansbach am Tag der Eintracht, welcher war der 18. Februar, im Jahre 1614.

Eurer mildtätigsten
ehrwürdigen Hoheit
ergebenster & untertänigster
Mathematiker

Simon Marius

Markgraf Joachim Ernst
(1583–1625)

Markgraf Joachim Ernst
Sterbetaler von 1625, Durchmesser 42 cm

PRÆFATIO
AD
CANDIDUM LECTOREM.

C Onſtitueram apud me, Candide Lector, pluribus in hac præfatione tecum agere, & de ijs omnibus, quæ hactenus per inſtrumentum belgicum, vulgo perſpicillum vocatum, à me in Sole, Luna, cæteriſque ſideribus, atq; adeò in toto cælo obſervata ſunt, longam orationem inſtituere, prout diverſis in locis hujus libelli videre licet. Verum cum non tantum adverſa valetudo, aliaq; negocia intervenientia à propoſito me detinuerint, ſed & nundinæ Francofurtenſes appropinquarent, & libellus ipſe jam ſub prælo verſaretur, promiſſis ſtare non potui, ſed in aliud tempus hanc obſervationum mearum publicationem præter volũtatem meam differre coactus ſum. In ſequentibus nunc, quando & quomodo in cognitionem & uſum hujus inſtrumenti inciderim, paucis explicabo.

Anno 1608. quando celebrabantur Nundinæ Francofurtenſes Autumnales, verſabatur etiam ibidem Nobiliſſimus, Fortiſſimus, maximeq; ſtrenuus vir, Iohannes Philippus Fuchſius de Bimbach in Möhrn Dominus & Eques Auratus intrepidus belli Dux, &c. Illuſtriſſimorũ meorum Principum Conſiliarius intimus, totius Matheſeos, aliarumque ſimilium ſcientiarum non ſaltem fautor & amator, ſed & cultor maximus. Inter alia quæ tunc ibi gerebantur, accidit, ut Mercator quidam modo nominatum Nobiliſſimum Virum conveniret, cujus notitiam ante habuerat, & referret quendam Belgam nunc Francofurti eſſe in nundinis, qui excogitarit inſtrumentum quoddam, quo mediante, remotiſſima quæq; obiecta, quaſi proxima eſſent, intueri liceret. Quo cognito multum rogavit dictum Mercatorem, ut belgam illum ad ſe adduceret, quod tandem obtinuit. Multum igitur diſputans cum Belga primo inventore, & de inventi novi veritate nonnihil du-

VORWORT AN DEN VERSTÄNDIGEN LESER

*I. Von Frankfurt nach Ansbach: Wie Simon Marius in Kenntnis und Gebrauch des Fernrohres kam**

Ich hatte mich fest entschlossen, in diesem Vorwort länger zu Dir zu sprechen; ich wollte über all die Dinge, die ich bisher durch das belgische Instrument, gewöhnlich Fernrohr genannt, an der Sonne, am Mond, an den übrigen Gestirnen und sogar am ganzen Himmel beobachtet habe, eine lange Rede beginnen, so wie man es an verschiedenen Stellen dieses Buches sehen kann. Allerdings haben mich von meinem Vorhaben nicht nur mein schlechter Gesundheitszustand und andere Aufgaben, die dazwischengekommen sind, abgehalten, sondern es kam auch die Frankfurter Messe näher und mein Buch befand sich schon in der Druckerei. Deshalb konnte ich mein Versprechen nicht einhalten, sondern war gezwungen, gegen meinen Willen diese Veröffentlichung meiner Beobachtungen auf einen anderen Zeitpunkt zu verschieben. Im folgenden erkläre ich kurz, wann und wie ich Kenntnis und Gebrauch dieses Instruments erhielt.

Im Jahre 1608, als die Frankfurter Herbstmesse abgehalten wurde, hielt sich dort auch der höchst adelige, tapfere und tüchtige Herr Johannes Philipp Fuchs von Bimbach in Möhren auf, Herr und Ritter mit Goldhelm, unerschrockener Führer im Kriege und engster Berater meiner vornehmsten Fürsten; er war nicht nur Gönner und Liebhaber der ganzen Mathematik und anderer ähnlicher Wissenschaften, sondern auch ihr größter Förderer. Unter anderem, was damals dort geschah, ereignete es sich, daß ein Kaufmann den ebengenannten Edelmann traf, den er schon länger kannte. Er berichtete, daß ein Belgier sich jetzt in Frankfurt auf der Messe aufhalte, der ein Instrument entwickelt habe, mit dem man alle sehr weit entfernten Gegenstände betrachten könne, als wenn sie ganz nahe seien. Auf diese Botschaft hin bat Johannes Philipp den besagten Kaufmann dringend, daß er jenen Belgier zu ihm bringen solle, was er auch schließlich erreichte. Der höchst edle Herr diskutierte also lange mit dem belgischen Erfinder; aber er hatte an der Echtheit der neuen Erfindung einige Zweifel.

---

* Kursiv gesetzte Überschriften sind zum besseren Verständnis vom Übersetzer hinzugefügt.

bitans Nobilissimus Vir, tandem belga producto instrumento, quod secum attulerat, & cujus alterum vitrum rimam egerat, rei veritatem experiri jussit. Accepto itaque instrumento in manus, & ad objecta directo, ea aliquot vicibus ampliari & multiplicari vidit. Deprehensa itaq; veritate instrumenti, quæsivit ex illo, pro quanta pecuniæ summâ simile instrumentum parare vellet: Belga magnam pecuniæ summam poposcit: cum vero intellexerit, quod primum habere non possit, ideo rebus infectis invicem discessum est. Rediens ergo Onoltzbachium dictus Nobilissimus Vir, mihi ad se vocato retulit, excogitatum esse instrumentum, quo remotissima quasi proxima cernerentur. Quæ nova ego cum summa admiratione audivi. Cumq; hac de re post cœnam sæpius mecum dissereret, tandem conclusit, necessum scilicet esse ut instrumentum tale duobus constaret vitris, quorũ unum esset concavuum, alterum verò convexũ, & cretâ acceptâ proprijs manibus in mẽsa, quæ & qualia intelligeret vitra, delineavit. Accepimus post vitra duo è perspicillis communibus, concavum & convexum, & unum post alterum in conveniente distantia collocavimus, & rei veritatem aliquo modo deprehendimus. Verum cum convexitas vitri ampliantis nimis alta esset, ideo verã convexi vitri figuram gypso impressam Noribergam misit, ad artifices illos, qui perspicilla communia cõficiunt, ut similia pararent vitra, at frustra, destituebantur enim instrumentis idoneis, & veram conficiendi rationẽ illis revelare noluit. Hac ratione nullis interim parcens sumptibus, elapsi sunt menses aliquot. Si modus poliendi vitra nobis cognitus fuisset, statim post reditum à Frãcofurto, perspicilla optima paravissemus. Interim divulgãtur in belgio eiusmodi perspicilla, & transmittitur unum satis bonum, quo valde delectabamur, quod factum est in æstate Anni 1609. Ab hoc tempore cœpi cum hoc instrumento inspicere cœlum & sidera; quando noctu apud sæpius memoratum Nobilissimum Virum fui, interdum dabatur mihi potestas portandi domum, præsertim circa finem Novembris, ubi pro more in meo observatorio considerabam astra: Tunc primum aspexi Iovem, qui versabatur in opposito Solis, & deprehendi stellulas exiguas, modo post, modo ante Iovem in linea recta cum Iove. Primum ratus

Da holte der Belgier das Instrument hervor, das er mit sich gebracht hatte und dessen zweite Linse sich einen Sprung zugezogen hatte; er forderte, man solle sich von seiner Echtheit überzeugen. Da nahm Philipp das Instrument in die Hand und richtete es auf Gegenstände; er sah, daß sie einigemal vergrößert erschienen. Er hatte also die Echtheit des Instruments erkannt und fragte jenen, zu welchem Preis er ein ähnliches Instrument besorgen wolle. Der Belgier forderte eine hohe Geldsumme. Als Philipp nun kennengelernt hatte, was er aufs erste Mal nicht erhalten konnte, schied man also unverrichteter Dinge voneinander.

Der höchst edle Herr reiste nach Ansbach zurück und ließ mich zu sich rufen. Er berichtete, es sei ein Instrument entwickelt worden, mit dem man sehr ferne Dinge so sehen könne, als ob sie ganz nahe wären. Diese Neuigkeit vernahm ich mit höchstem Staunen. Er besprach diese Angelegenheit mit mir einige Male nach dem Essen und kam dann zu dem Schluß, daß ein solches Instrument wohl aus zwei Gläsern bestehen müsse, deren eines konkav und anderes konvex sei. Er nahm selbst Kreide in die Hand und zeichnete auf dem Tisch auf, welche und wie beschaffene Gläser er meinte. Wir erhielten darauf zwei Gläser aus gewöhnlichen Fernrohren, konkav und konvex, und ordneten das eine hinter dem anderen in der passenden Entfernung an; so fanden wir dann doch heraus, daß es mit der Sache seine Richtigkeit habe.

Weil aber die Konvexität des vergrößernden Glases zu groß war, schickte Philipp einen genauen Gipsabdruck des konvexen Glases nach Nürnberg zu jenen Handwerkern, die gewöhnliche Ferngläser herstellen, damit sie solche Gläser anfertigten. Aber vergebens! Sie hatten nämlich keine passenden Werkzeuge und er wollte ihnen die wahre Herstellungsmethode nicht preisgeben. So scheute er inzwischen keine Kosten, doch es verstrichen einige Monate. Wenn wir gewußt hätten, wie man die Gläser schleift, hätten wir sofort nach der Rückkehr von Frankfurt die besten Fernrohre hergestellt.

Inzwischen werden in Belgien solche Fernrohre verbreitet und man schickt uns ein recht gutes, was uns große Freude bereitete. Dies geschah im Sommer des Jahres 1609. Seit diesem Zeitpunkt begann ich mit diesem Instrument zum Himmel und zu den Sternen zu sehen, wenn ich nachts bei dem öfter erwähnten höchst edlen Herrn war. Manchmal durfte ich es mit nach Hause nehmen, besonders um das Ende des November; dort betrachtete ich gewöhnlich in meiner Sternwarte die Sterne. Damals sah ich den Jupiter zum ersten Mal, der sich in Opposition zur Sonne befand, und ich entdeckte winzige Sternchen bald hinter, bald vor dem Jupiter, in gerader Linie mit dem Jupiter.

tus ſum, illas eſſe ex numero illarum fixarum, quæ alias abſq; inſtrumento hoc cerni nequeunt, quales in via lacteâ, plejadibus, hyadibus, Orione, alijſque in locis à me deprehendebantur. Cum autem Iupiter tum eſſet retrogradus, & ego nihilominus hanc ſtellarum concomitantiam viderem, per Decembrem, primum valde admiratus ſum, poſt vero paulatim in hanc deſcendi opinionem, videlicet quod ſtellæ hæ circa Iovem ferrentur, prout quinque ſolares planetæ ☿ ♀ ♂ ♃ & ♄ circa ſolem circumaguntur, itaque cæpi annotare obſervationes, quarum prima fuit die 29. Decembris, quando tres ejuſmodi ſtellæ in linea recta à Iove verſus occaſum cernebantur. Hoc tẽpore quod ingenue fateor, credebam ſaltem tres ejuſmodi ſtellas eſſe, quæ Iovem comitentur, cũ aliquoties tres ordine collocatas eiuſmodi ſtellas prope Iovem viderim. Interim etiã mittebantur è Venetijs duo vitra egregie polita, convexũ & concavum, à clariſſimo & prudentiſſimo viro Domino Iohanne Baptiſta Lenccio, qui è Belgio poſt factã pacem reverſus Venetias conceſſerat, & cui inſtrumentũ hoc jam notiſſimum fuerat. Hæc vitra tubo ligneo coaptata fuerunt, & à prius nominato Nobiliſſimo maximeq; ſtrenuo viro mihi tradita, ut quid in aſtris, ſtelliſq; prope Iovẽ præſtarẽt experirer. Ab hoc itaq; tempore uſq; in 12. Ianua. diligentius attendebã his Iovialibus ſideribus, & deprehendi aliquo modo quatuor eiuſmodi corpora eſſe, quæ Iovem ſua circuitione ſpectarent. Tandem circa finem Februarij & initium Martij de certo numero horum ſiderum omnino confirmatus ſum. A decimo tertio Ianuarij uſq; in 8. Februarij fui Halæ Suævorum, & inſtrumentum domi reliqui, veritus ne in itinere damnum aliquod acciperet. Poſtquam igitur domum redij, ad conſuetas obſervationes me accommodavi, & ut exactius & diligentius ſidera Iovialia obſervare poſſem, ex ſingulari affectione erga hæc ſtudia Mathematica ſæpius citatus Celeberrimus & Nobiliſſimus Vir, mihi plenam inſtrumenti copiam fecit. Ex hoc itaque tempore uſq; in præſens cum hoc inſtrumento & alijs poſtmodum conſtructis, obſervationes continuavi. Hæc eſt hiſtoria veriſſima: Non enim de tanto viro, vivo præſente, ſic in publico ſcripto mentiri impune mihi liceret, ut qui non ſaltem

Erst meinte ich, jene gehörten zur Zahl der Fixsterne, die man anders und ohne dieses Instrument nicht sehen kann, wie ich sie in der Milchstraße, in den Plejaden, den Hyaden, dem Orion und an anderen Orten gefunden habe. Als aber Jupiter retrograd war und ich dennoch im Dezember diese Sterne um ihn sah, wunderte ich mich zuerst sehr; dann aber gelangte ich zu der Meinung, daß sich diese Sterne geradeso um den Jupiter bewegen wie die fünf Sonnenplaneten Merkur, Venus, Mars, Jupiter und Saturn sich um die Sonne bewegen. Ich begann also meine Beobachtungen aufzuschreiben; die erste war am 29. Dezember, als drei derartige Sterne in gerader Linie vom Jupiter in Richtung Westen zu sehen waren. Zu diesem Zeitpunkt, das gestehe ich aufrichtig, glaubte ich, es gebe nur drei solche Sterne, die den Jupiter begleiten, da ich einige Male drei solche Sterne in einer Reihe nahe beim Jupiter gesehen habe.

Inzwischen wurden auch aus Venedig zwei hervorragend geschliffene Gläser geschickt, konvex und konkav, und zwar von dem höchst berühmten und klugen Herrn Johannes Baptista Lenccius; der war nach dem Friedensschluß von Belgien zurückgekehrt und hatte sich nach Venedig begeben; ihm war dieses Instrument schon wohlbekannt gewesen. Diese Gläser waren in einen Holztubus eingebaut. Der vorgenannte höchst edle und tüchtige Mann übergab sie mir, damit ich erproben könne, was sie zur Beobachtung der Gestirne und der Sterne um den Jupiter taugten. Von diesem Zeitpunkt an bis zum 12. Januar beschäftigte ich mich also eingehender mit diesen Jupitergestirnen. Ich entdeckte schließlich, daß es vier solche Himmelskörper gibt, die auf ihren Bahnen den Jupiter umkreisen. Gegen Ende Februar und Anfang März hatte ich mir schließlich über die genaue Zahl dieser Gestirne völlige Gewißheit verschafft.

Vom 13. Januar bis zum 8. Februar war ich in Schwäbisch Hall; das Instrument ließ ich zu Hause zurück, weil ich befürchtete, daß es auf der Reise irgendwie Schaden nehmen könnte. Nachdem ich also nach Hause zurückgekehrt war, habe ich mich wieder den gewohnten Beobachtungen gewidmet; zur genaueren und sorgfältigeren Beobachtung der Jupitersterne hat mir aus einzigartiger Liebe für diese mathematische Wissenschaft der schon öfter genannte höchst berühmte und edle Herr das Fernrohr ganz zur Verfügung gestellt. Seit jenem Zeitpunkt bis jetzt habe ich also mit diesem Instrument und mit anderen später gebauten meine Beobachtungen fortgesetzt.

Diese Darstellung ist die volle Wahrheit. Ich könnte nämlich nicht über einen so großen Mann zu seinen Lebzeiten auf solche Weise in einer öffentlichen Schrift ungestraft Falsches erzählen; ist dieser doch hochberühmt nicht nur wegen seiner sehr edlen und alten Abstammung,

ob ſtemma Nobiliſſimũ & antiquiſſimũ, ſed etiam inprimis ob res fortiſſimè geſtas, heroica facta, & ſummam belli peritiam, per Galliã, Vngariam, Belgium & Germaniã ſit celeberrimus. Ideo quidquid hac in parte à me obſervatum, elaboratum & jam publici juris eſt factum, illud totum huic Excellentiſſimo & Nobiliſſimo Viro, Patrono & Promotori meo ſummè colendo acceptum refero. Nõ autem hæc à me eò recenſentur, quaſi ego exiſtimationẽ Galilæi extenuare & inventionem horum ſiderum Iovialiũ apud ſuos Italos ipſi præripere velim, neutiq̃ ſed potius ut intelligatur, hæc ſidera à nullo mortaliũ mihi ulla ratione commonſtrata ſed propria indagine ſub ipſiſſimum fere tempus, vel aliquanto citius quo Galilæus in Italia ea primũ vidit, à me in Germania adinventa & obſervata fuiſſe. Meritò igitur Galilæo tribuitur & manet laus primæ inventionis horum ſiderũ apud Italos. An autem inter meos Germanos quiſpiã ante me ea invenerit & viderit, hactenus intelligere non potui, nec facile credidero: quin potius plane contrarium expertus ſum, nempe fuere, qui Galilæum meque erroris impudenter accuſare non erubuerunt. Verum non dubito, quin illoſmetipſos jam ſui erroris & præcocis judicij de aliorum laboribus pœniteat pudeatq;. Si itaq; meus hic libellus ad Galilæum Florentiam venerit, rogo ut eo animo hæc à me accipiat, quo ſunt à me ſcripta. Tantum enim abeſt, ut per me aliquid ipſius authoritati & inventis decedere velim, ut potius ipſi magnas agam gratias pro publicatione ſui Nuncij ſiderei; eò enim ipſo plurimum confirmatus ſum: Inprimis autem ipſius obſervationes mihi utiles fuere, quia emetipſo quaſi tempore factæ ſunt, quo ego Halæ Suævorum fui, & ab obſervationibus vacavi, licet mihi illæ non undiquaq; exactæ videantur, tamen quoad orientalitatem vel occidentalitatem, & habitudinem horum ſiderum inter ſemetipſa, me plurimum juvarunt. Modus ipſius Galilæi accipiendi diſtantias à Iove mihi non ſucceſſit, ſed retinui meum modum, quem etiam ante notitiam ſiderei Nuncij ſum uſus, quemque alibi, in publicatione præcipuarum mearum obſervationum explicabo.

Acturus nunc eram de maculis in Sole, uti ante hac propoſueram, quidquid etiam in eis à 3. Auguſti Anno 1611. uſq; huc obſervavi manifeſtare.

sondern auch besonders wegen höchst tapferer und heldenhafter Taten und größter Kriegserfahrung in Gallien, Ungarn, Belgien und Deutschland. Alles, was ich also in dieser Hinsicht beobachtet, ausgearbeitet und schon veröffentlicht habe, das verdanke ich ganz diesem hervorragenden und höchst edlen Herrn, meinem Schutzherrn und Förderer, dem meine ganze Verehrung gilt.

II. Simon Marius und Galilei

Ich führe dies aber nicht deshalb an, als wollte ich den Ruhm des Galilei schmälern und ihm selbst die Entdeckung dieser Jupitersterne bei seinen Italienern entreißen. Keineswegs! Ich will vielmehr, daß man erkennt, daß diese Sterne von keinem Menschen mir irgendwie gezeigt worden sind, sondern daß ich sie durch eigene Forschung fast genau zur gleichen Zeit – vielmehr etwas früher, als Galilei sie zum ersten Mal in Italien gesehen hat – in Deutschland gefunden und beobachtet habe. Zurecht also zollt man dem Galilei und bleibt ihm auch das erste Lob für die Entdeckung dieser Sterne bei seinen Italienern. Ob aber unter meinen Deutschen jemand vor mir diese gefunden und gesehen hat, konnte ich bisher nicht feststellen und glaube ich auch nicht recht. Fast das Gegenteil habe ich erfahren; es gab ja Leute, die sich nicht gescheut haben, den Galilei und mich ganz dumm des Irrtums zu beschuldigen. Ich zweifle aber nicht daran, daß es sie selbst schon ihres Irrtums und vorschnellen Urteils über das Werk anderer reut und schämt.

Wenn also dieses mein Buch zu Galilei nach Florenz gelangt, bitte ich ihn, daß er es in diesem Sinne nimmt, wie es von mir geschrieben worden ist. Es liegt mir nämlich fern, daß meinetwegen seine Autorität oder seine Entdeckungen geschmälert werden; vielmehr will ich ihm sehr danken für die Veröffentlichung seines Sternenboten; dieser hat mich nämlich sehr bestärkt. Besonders aber waren mir seine Beobachtungen nützlich, weil sie fast genau zu der Zeit gemacht worden sind, in der ich in Schwäbisch Hall war und keine Beobachtungen machte. Wenn mir auch jene nicht in jeder Hinsicht exakt erscheinen, haben sie mir trotzdem viel geholfen im Hinblick auf die östlichen und die westlichen Positionen und die Stellung dieser Sterne untereinander. Die Methode, nach der Galilei selbst die Entfernungen vom Jupiter erhalten hat, ist mir nicht gelungen; doch ich habe meine Methode beibehalten, die ich schon vor der Kenntnis des Sternenboten angewandt habe; ich werde diese an anderer Stelle bei der Darlegung meiner hauptsächlichen Beobachtungen erklären.

III. Vier Erkenntnisse

Nun wollte ich mich mit den Sonnenflecken beschäftigen, wie ich es vorher dargelegt hatte, nämlich alles darzustellen, was ich in ihnen vom 3. August 1611 bis heute beobachtet habe. Aber nicht nur wegen der an-

nifeſtare. Verũ non ſaltem ob cauſas ab initio indicatas in præſenti nil de eis certò determinare volo nec poſſum, ſed quia etiam Doctiſſimos de ijs diſſentire, & egometipſe mihi ſatisfacere nequeam. Quare relictis ijs, Quatuor alia nunc ſubjungam, de quibus in dedicationibus meis annuorum prognoſticorum hactenus nullam feci mentionem. Inter illa primum eſt, quod mediante perſpicillo à die 15. Decemb. Anni 1612. invenerim & viderim fixam vel ſtellam quandam admirandæ figuræ, qualem in toto cœlo deprehendere nõ poſſum. Ea autem eſt prope tertiam & borealiorem in cingulo Andromedæ. Abſque inſtrumento cernitur ibidem quædam quaſi nubecula: at cum inſtrumento nullæ videntur ſtellæ diſtinctæ, ut in nebuloſa cancri & alijs ſtellis nebuloſis, ſed ſaltem radij albicantes, qui quo propiores ſunt centro eò clariores evadunt, in centro eſt lumen obtuſum & pallidum, in diametro quartam fere gradus partem occupat. Similis fere ſplendor apparet, ſi à longinquo candela ardens per cornu pellucidum de nocte cernatur; non abſimilis eſſe videtur Cometæ illi, quem Tycho Brahe Anno 1586. obſervavit. Menſe Septembri Anni ſuperioris, quando mecum erat Doctiſſimus vir M. Lucas Brunnius Illuſtriſſimi Electoris Saxonici Mathematicus, inter alia tunc Mathematica colloquia, quia ſe offerebat grata ſerenitas, etiam hanc ipſi ſtellam monſtroſam commonſtravi, quam ſumma cum admiratione vidit. An autem nova ſit nec ne, certo aſſeverare nequeo, diſpiciant & judicent id alij. De oculatiſſimo Domino Tychone miror, qui borealiori fixæ in cingulo Andromedæ, inſtrumentis ſuis locum ſecundum longum & latum præfinivit, hanc tamen nebuloſam intactam reliquit, quæ tamẽ proxima eſt illi.

Secundum eſt, de quo omnes Phyſici & Aſtronomi inter ſe diſſentiunt: nimirum quæ ſit cauſa, vel qui modus ſcintillationis ſtellarum. Anteceſſores noſtri fere omnes exiſtimarunt ſcintillationem ſolis fixis competere, planetis vero minime. Ad hoc falſum eſſe experientia & obſervatio per inſtrumentum belgicum convincit. Omnes enim ſtellæ in cœlo ſcintillant, etiam ipſe Sol, Luna ſolâ exceptâ, at quædam plus quædam minus: Inter planetas omnium minimè ſcintillat Saturnus, poſt Iupiter, Tertio Mars, hunc ſequitur ♀. Mercurius vero validiſſimè

fangs genannten Gründe kann und will ich für den Augenblick nichts Bestimmtes über sie angeben, sondern weil ich sehe, daß auch die größten Gelehrten darüber verschiedener Meinung sind und sogar ich selbst zu keinem befriedigenden Schluß kommen kann. Deshalb lasse ich dies beiseite und füge vier weitere Erkenntnisse an, die ich in meinen Widmungen der jährlichen Prognostica bisher nicht erwähnt habe.

a) Der Andromedanebel

Die erste Beobachtung besteht darin, daß ich mit Hilfe des Fernrohres seit dem 15. Dezember 1612 einen Stern oder einen Fixstern von erstaunlicher Gestalt entdeckt und beobachtet habe, wie ich ihn am ganzen Himmel sonst nicht finden kann. Er befindet sich aber nahe dem dritten und nördlicheren Stern im Gürtel der Andromeda. Ohne Instrument sieht man dort etwas wie einen Nebel; aber mit dem Fernrohr erkennt man keine einzelnen Sterne, wie in der Wolke des Krebses oder anderen Sternwolken, sondern nur schimmernde Strahlen, die um so heller werden, je näher sie dem Zentrum sind. Im Zentrum ist ein schwacher und blasser Glanz, der einen Durchmesser von etwa einem viertel Grad hat. Ein recht ähnlicher Lichtglanz tritt auf, wenn man aus großer Entfernung eine brennende Kerze durch ein durchscheinendes Stück Horn betrachtet. Der Nebel scheint nicht unähnlich dem Kometen zu sein, den Tycho Brahe im Jahre 1586 beobachtet hat.

Im September des letzten Jahres weilte bei mir der hochgelehrte Herr M. Lucas Brunnius, der Mathematiker seiner Durchlaucht des Kurfürsten von Sachsen. Der Himmel war gerade willkommen klar, da zeigte ich ihm unter unseren mathematischen Gesprächen auch diesen seltsamen Stern; er betrachtete ihn mit höchstem Staunen. Ob der Stern aber ein neuer ist oder nicht, kann ich nicht sicher behaupten; andere mögen dies ermitteln und beurteilen. Ich wundere mich über den überaus scharfsichtigen Herrn Tycho, der im Gürtel der Andromeda für einen etwas weiter nördlich gelegenen Fixstern mit seinen Instrumenten Längen- und Breitengrad bestimmt hat, diesen Nebel aber unbeachtet gelassen hat, der jenem doch sehr nahe ist.

b) Das Funkeln der Sterne

Das zweite Thema, über das alle Physiker und Astronomen untereinander uneins sind, ist der Grund oder die Art des Sternenfunkelns. Unsere Vorfahren haben fast alle geglaubt, daß das Funkeln nur die Fixsterne betreffe, kaum aber die Planeten. Daß dies falsch ist, beweisen die Erfahrung und die Beobachtung mit dem belgischen Instrument. Alle Sterne am Himmel funkeln nämlich, manche mehr, manche weniger, sogar die Sonne selbst; nur der Mond ist ausgenommen. Von allen

mè ſcintillat, quod cum & abſq; perſpicillo manifeſtè deprehenditur. De Sole pòſt agam. Hîc iterum non deerunt ſcioli, qui plenis buccis inclamabunt, & inſaniæ ac craſſiſſimi erroris me accuſabunt: faciant ſane quod illis libuerit, ego nihilominus, quæ oculis meis vidi, quæque diligentiſſimè obſervavi, candido lectori communicabo. Cui igitur perſpicillum bonum ad manus eſt, quique rei veritatem explorare cupit, is è perſpicillo vitrum concavum eximat, partem inſtrumenti vitro vacuam oculis admoveat, & perſpicillum dirigat in ſtellam vel planetam, cujus ſcintillationem conſiderare vult: Tunc cum admiratione videbit ea, de quibus hîc ago, modo cœlum ſit clariſſimum & aer defæcatiſſimus. Licet enim corpora fixarum & planetarum appareant multis perforata foraminibus, quod fit ob materiam vitri convexi, nihilominus maximæ fiunt moles corporum fixarum & planetarum & ſcintillatio videbitur eſſe quaſi quædam fulminatio ſive ebullitio materiæ ſtellarum, interim tamen apparebunt ordine per vices certi & diſtincti colores, in alijs plus, in alijs minus: Et quæ ſtellæ hactenus creditæ ſunt naturæ Martis, in illis cæteris præcellit color rubeus, utpote in Marte, Aldebaran & alijs fixis ſimilibus. In cane verò majore omnes colores, viridis, aureus, ſanguineus & cæruleus in eodem q. vigore & copia eâdem ordine ſibi ſuccedunt, ita ut intuenti maximam pariant admirationem cum ſumma delectatione conjunctam. Hos colores liberis oculis ſe vediſſe ſcribit Dominus Keplerus in opticis, idemq; Ratisbonæ poſt cœnam Illuſtri Viro, Domino, D. Iohanni Matthiæ Wackero à Wackenfels, S. C. Majeſt. Conſiliario Imperiali Aulico, &c. & mihi confirmavit, cum hac eâdem de re verba fiebant inter nos. Non ego hîc ſententiam meam dico de ſcintillatione, qua ratione ea fiat, ſed quid viderim fideliter oſtendo, alijſque ſubtilioribus ingenijs diſcutiendum id & explicandum relinquo. Puto tamen naturam & qualitatem fixarum hac ratione ſecurius & certius explorari & definiri poſſe, quam hactenus factum eſt.

Tertium eſt, quod non ita pridem, videlicet poſt reditum à Ratisbona mihi pararim inſtrumentum, quo non ſolum planetæ, ſed etiam, omnes fixæ inſigniores exquiſitæ rotundæ cernuntur, inprimis autem

canis

Planeten funkelt am wenigsten der Saturn, danach kommt der Jupiter, als dritter der Mars, diesem folgt die Venus; der Merkur aber funkelt am stärksten, was man mit und ohne Fernrohr deutlich feststellen kann. Über die Sonne will ich erst später sprechen. Hier wird es wieder viele Besserwisser geben, die lauthals losschreien werden und mich des Wahnsinns und des allergrößten Irrtums bezichtigen. Sollen sie tun, was sie wollen; ich werde trotzdem alles, was ich mit eigenen Augen gesehen und mit größter Sorgfalt beobachtet habe, dem verständigen Leser mitteilen.

Wer also ein gutes Fernglas zur Hand hat und wer den wahren Sachverhalt erforschen will, der entferne aus dem Fernglas die konkave Linse; dann führe er den Teil des Instruments, der kein Glas hat, an die Augen und richte das Fernrohr auf den Stern oder Planeten, dessen Funkeln er betrachten will. Dann wird er mit Staunen das sehen, wovon ich hier spreche; nur muß der Himmel sehr klar sein und die Luft sehr rein. Wenn nun auch die Körper der Fixsterne und Planeten von vielen Spalten durchbrochen scheinen – dies rührt von dem Material der konvexen Linse her –, wird doch die Menge der Fixsterne und Planeten sehr groß; und das Funkeln wird aussehen wie ein Blitzen oder Überquellen der Sternenmaterie. Manchmal werden aber hier und da bestimmte und verschiedene Farben erscheinen, bei den einen Sternen mehr, bei den anderen weniger. Und die Sterne, die man bisher für dem Mars ähnlich gehalten hat, haben eine stärkere Rotfärbung als die übrigen, wie der Mars, der Aldebaran und andere ähnliche Fixsterne. Beim Großen Hund aber folgen alle Farben mit gleicher Kraft und Fülle aufeinander, grün, golden, blutrot und blau. Beim Betrachter löst dies größtes Staunen und höchstes Vergnügen aus.

Herr Kepler schreibt in den Optica, daß er diese Farben mit bloßem Auge gesehen habe; er hat dies in Regensburg nach dem Mahle dem berühmten Herrn D. Johannes Mathias Wacker von Wackenfels, Seiner ehrwürdigsten kaiserlichen Majestät kaiserlichem Rat am Fürstenhofe, und mir bestätigt, als wir uns über eben diese Sache unterhielten. Ich sage hier nicht meine Meinung über die Ursache des Funkelns, sondern ich zeige getreulich auf, was ich gesehen habe; ich überlasse die Diskussion und Erklärung anderen scharfsinnigeren Geistern. Ich glaube aber doch, daß Beschaffenheit und Wesen der Fixsterne auf diese Weise sicherer und bestimmter erforscht und festgestellt werden können, als es bisher geschehen ist.

c) Die Fixsterne

Das dritte Thema liegt darin begründet, daß ich mir vor einiger Zeit, nämlich kurz nach der Rückkehr aus Regensburg, ein Instrument angeschafft habe, mit dem man nicht nur die Planeten sehen kann, sondern auch alle größeren, besonderen, runden Fixsterne, besonders aber den

major, minor, lucidiores in Orione, Leone, Vrſa majore, &c. quod antehac nunquam mihi videre contigit. Miror equidem Galilæum cum ſuo inſtrumento admodum excellente idem non vidiſſe. Scribit enim in ſuo ſidereo Nuncio, fixas ſtellas periphæria circulari nequaquam terminatas apparere, id quod quidam poſtea maximi argumenti loco habuerunt, nimirum hoc ipſo ſyſtema mundanum Copernicanum confirmari, nempe quod ob immenſam diſtantiam fixarum à terrâ, figura globoſa fixarum ſtellarum nequaquam in terris ullo modo percipi poſſit. Cum vero nunc certiſſime conſtet, etiam fixas orbiculari in terris hoc perſpicillo videri, cadit profectò hæc argumentatio, & plane contrarium aſtruitur, nimirum ſphæram ſtellarum fixarum nequaquam adeo incredibili diſtantiâ à terris removeri, uti fert ſpeculatio Copernici, ſed potius talem eſſe ſegregationem ſphæræ fixarum à terris, ut nihilominus moles corporum illarum hoc inſtrumento figura circulari diſtinctè videri poſſit, conſentiente ordinatione ſphærarũ cœleſtium, Tychonica & propriâ, ut inferius parte ſecunda hujus libelli, phænomeno quinto confirmabitur. Verum hæc alibi diſputanda & explicanda ſunt. Quod autem fixæ proprio luceant lumine, Galilæo facile conceſſero, quia longe excellentiore ſplendore & claritate ſunt prædita, quam planetæ.

Quartum eſt, peculiaris quædam obſervatio in Sole, præter maculas, de qua inter me & Dominum Davidem Fabricium Theologum in Friſia orientali, & Aſtronomum excellentiſſimum Amicum meum ſingularem, per literas aliquoties diſceptatum eſt. A multis enim jam annis vidi in templis alijsq; locis obſcuris, ubi per foramen, vel orbem vitreum fractum incidebat radius Solis in oppoſitum parietem, ſatis longo intervallo à dicto foramine diſtantem, tremulum admodum motum radij ſolaris, ita ut non æqualiter progrederetur, ſed tremendo, undulando & ſaliendo quaſi proveneretur. Cumq; modo nominatus Dominus Fabricius mihi ſemper contradixerit, affirmando hunc motum radij non à Sole ipſo exiſtere, ſed ab aëre intermedio: ideo diligentius huic rei attendi, adhibito etiam perſpicillo, quod ad foramen parietis fixum & immobile adaptavi, ita quidem ut nul-

)( )( )(lus

Großen und den Kleinen Hund, die helleren Sterne im Orion, im Löwen und im Großen Bären. Dies zu sehen ist mir zuvor nie gelungen.

Ich wundere mich allerdings, daß Galilei mit seinem so hervorragenden Instrument dies nie gesehen hat. Er schreibt nämlich in seinem Sternenboten, daß die Fixsterne von dem äußersten Bereich keinesfalls abgegrenzt erschienen; dies hielten manche später für ein wichtiges Argument dafür, daß nämlich dadurch das kopernikanische Weltbild gestützt werde; denn wegen der unermeßlichen Entfernung der Fixsterne von der Erde könne ihre Kugelgestalt von der Erde aus überhaupt nicht wahrgenommen werden. Da nun aber sehr sicher feststeht, daß man auf der Erde durch dieses Fernrohr erkennt, daß auch die Fixsterne eine runde Gestalt haben, fällt freilich diese Argumentation; es wird ganz das Gegenteil bekräftigt, daß nämlich die Sphäre der Fixsterne keinesfalls eine so sehr unglaubliche Strecke von der Erde entfernt ist, wie es die Annahme des Kopernikus besagt; vielmehr wird bestärkt, daß die Fixsternsphäre nur so weit von der Erde entfernt ist, daß doch durch dieses Instrument jene Körper deutlich als runde Gestalten zu sehen sind; dies stimmt überein mit der Anordnung der Himmelssphären – des Tycho und meiner eigenen –, wie ich es weiter unten im zweiten Teil dieses Buches im fünften Phänomen bestätigen werde. Aber dies muß anderswo diskutiert und erklärt werden. Daß aber die Fixsterne durch ihr eigenes Licht leuchten, will ich dem Galilei leicht zugeben; sie haben ja einen weitaus helleren Glanz und größere Helligkeit als die Planeten.

d) Drei rätselhafte Bewegungen der Sonnenstrahlen

Die vierte Beobachtung ist eine ganz eigenartige an der Sonne außer den Flecken; über sie haben ich und Herr David Fabricius, ein Theologe in Ostfriesland, ein hervorragender Astronom und mein liebster Freund, einige Male schriftlich abgehandelt. Vor vielen Jahren nämlich habe ich in Kirchen und an anderen dunklen Orten, wo durch eine winzige Öffnung oder durch den Bruch in einer Glasscheibe ein Sonnenstrahl auf die gegenüberliegende Wand traf, bei genügend großer Entfernung von der besagten Öffnung eine fast zitternde Bewegung des Sonnenstrahles gesehen; der Strahl wanderte dabei nicht gleichmäßig weiter, sondern in zitternder, schwingender und springender Bewegung. Und weil der genannte Herr Fabricius mir oft widersprach mit der Behauptung, daß diese Bewegung des Strahles nicht von der Sonne selbst verursacht werde, sondern von der dazwischenliegenden Luft, habe ich dieser Sache größere Aufmerksamkeit geschenkt.

Ich verwendete auch das Fernrohr, das ich an der Öffnung in der Wand fest und starr anbrachte, und zwar so, daß kein anderer Strahl in die

lus alius radius in Cameram obſcuram, niſi per perſpicillum intrare poſſet. Excepi etiam radium in tabula radio è ſatis longo intervallo oppoſitâ, & charta albâ obducta, quæ etiam fixa manebat. Quibus ſic ordinatis diligentiſſime obſervavi radium cum maculis Solaribus, & deprehendi tres diſtinctos motus in ipſo radio: Vnum in ſuperficie radij, quaſi fulminantem quandã alterationem ſplendoris ſolaris, qualis fere apparet in fixis, præcipue in cane majore, ut antea oſtenſum eſt. Hunc motum ego ſcintillationem Solis eſſe credo, & mihi perſuadeo, ſi quis Solem ex Saturno intueretur, tunc procul dubio Solem validiſſime ſcintillare videret. Nam lumen & moles Solis ibidem non eſt tanta, quanta apud nos in terris exhibetur, cum diameter ipſius trium ſaltem minutorum circiter appareat, & præterea angulus hujus fulminantis & ebullientis motus longe major apud Saturnum fiat, quam apud nos. Eundem hunc motum abſq; inſtrumento non raro liberis oculis, & quidem melius quam per inſtrumentum, vidi, quando Sol declivior erat, per chartam nigram oblique convolutam, cujus anguſtum foramen ad oculum dirigebatur, amplum vero ad Solem. Hac ratione vidi ſuperficiem Solis commoveri, non aliter ac aurum à ſummo calore liquefactum, in quo fluxu ſimilis commotio & quaſi fulminatio exiſtit in ſuperficie auri, ubi tamen ſuperficies ſemper manet eadem, nec ita ebullit ut aliæ res liquidæ vel aqueæ.

Secundus motus eſt & obſervatur in extrema circumferentia radij ſolaris, quem proprie undulationem aliquam vocari poſſe puto. Hicque meo judicio exiſtit ab aëre moto extra foramen. Similis commotio ſupra ſegetes æſtivo tempore obſervatur, quando calor eſt intenſiſſimus. Idem etiam cum perſpicillo deprehendi hac nivoſiſſima & frigidiſſima hyeme, in campis & ſylvis tempore ſereniſſimo & frigidiſſimo.

De Tertio motu valde miror, qui admodum inæqualis deprehenditur. Nam qui diligenter attendit, licet radius paulatim provehatur, ea tamen promotio non æqualis exiſtit, ſed admodum ſibi diſſimilis. Interdum enim quaſi ſtare videtur radius, quoad motũ illum, qui aliàs diurnus vocatur, interdum vero quaſi in momento ſaltu quodam facto in conſequentia ferri. Eidem motui inæquali etiam obnoxiæ ſunt

maculæ

Dunkelkammer eintreten konnte außer durch das Fernrohr. Ich habe auch den Sonnenstrahl auf eine Tafel fallen lassen, die in ausreichend großem Abstand aufgestellt war; ich befestigte darauf einen weißen Papierbogen, der nicht verschoben wurde. Nachdem ich diese Anordnung getroffen hatte, beobachtete ich mit großer Sorgfalt den Strahl mit den Sonnenflecken; ich fand drei unterschiedliche Bewegungen bei demselben Strahl: Die eine an der Oberfläche des Strahles, eine gleichsam blitzende Veränderung des Sonnenglanzes, wie es sie normalerweise bei den Fixsternen gibt, besonders beim Großen Hund, wie zuvor gezeigt worden ist.

Ich glaube, daß diese Bewegung das Funkeln der Sonne ist, und ich bin überzeugt, daß, wenn jemand vom Saturn aus die Sonne betrachtete, er zweifellos sehen würde, daß die Sonne sehr stark funkelt. Denn das Licht und die Größe der Sonne sind dort nicht so wie bei uns auf der Erde; ihr Durchmesser erscheint nämlich als mindestens etwa drei Minuten und außerdem wird der Winkel dieser blitzenden und sprudelnden Bewegung bei weitem größer beim Saturn als bei uns.
Dieselbe Bewegung habe ich ohne Instrument nicht selten mit bloßem Auge, und zwar besser als mit dem Instrument gesehen, wenn die Sonne ziemlich tief stand; ich benützte ein schwarzes, schief zusammengerolltes Papier, dessen enge Öffnung an das Auge gelegt, die weite aber auf die Sonne gerichtet wurde. Auf diese Weise bemerkte ich, daß die Oberfläche der Sonne sich bewegt, gerade wie in größter Hitze geschmolzenes Gold; bei diesem Schmelzfluß entsteht eine ähnliche Bewegung und gleichsam ein Blitzen an der Oberfläche des Goldes; dennoch bleibt die Oberfläche immer dieselbe und wallt nicht so wie andere flüssige oder wässerige Stoffe.

Die zweite Bewegung läßt sich beobachten am äußersten Rand des Sonnenstrahls, die man nach meiner Meinung eigentlich eine Wellenbewegung nennen kann. Und diese Bewegung entsteht, wie ich glaube, durch die Luftbewegung außerhalb der Öffnung. Eine ähnliche Bewegung beobachtet man zur Sommerzeit über den Feldern, wenn die Hitze am größten ist. Dasselbe habe ich auch mit dem Fernrohr im jetzigen sehr schneereichen und kalten Winter auf den Feldern und in den Wäldern bei sehr heiterem und kaltem Wetter bemerkt.

Über die dritte Bewegung, die ganz unausgeglichen erscheint, wundere ich mich sehr. Wer nämlich sorgfältig hinsieht, erkennt folgendes: Wenn sich auch der Strahl allmählich weiterbewegt, ist doch dieses Vorrücken nicht gleichmäßig, sondern sehr unterschiedlich. Manchmal nämlich scheint der Strahl fast stillzustehen in der Bewegung, die sonst die täglich übliche ist. Manchmal aber scheint er sich in einer Sprungbewegung rasch weiterzubewegen. Derselben ungleichmäßigen Bewegung unterliegen auch die Sonnenflecken. Nach vielen Versuchen habe

maculæ Solares, hunc ſaltum motus radij ſolaris, poſt multiplicem experimentationem, deprehendi ducenteſimam partem diametri radij non attingere. Sit autem ſane pars radij ducenteſima. Hic igitur motus aut ineſt Soli, aut terræ, aut deniq; aëri. Ab aëre exiſtere non poſſe puto, quia hic motus plane diverſus eſt ab illo altero, quem undulationem aliquã vocavi. A terræ motu diurno hanc inæqualitatem motus exiſtere dicent forſan Copernicani, quod tamẽ ego nego, ductus hac probabili ratione. Si diameter Solis eſt 8876. mill. germ. qualem inferius parte tertia uſurpo, duæque lineæ ex centro terræ ad contactum Solis ducantur, tunc duæ hæ lineæ comprehendent de ſuperficie terræ 7. mill. germ. & paſſus geometricos 3595. qui arcus eſt diameter radij in camerâ obſcurâ accepti: hujus ducenteſima pars ſunt geometrici paſſus 192. vel pedes 960. quibus turris aliqua in momẽto quaſi ab occaſu in ortum proveheretur. Qui ſaliens motus inæqualis ſuperficiei terræ procul dubio ſentiretur in altiſſimis montibus, ſi vera eſſet ſpeculatio Copernici. Præterea ſi hic motus ineſſet terræ, deprehenderetur etiam in radio lunæ licet difficilior ſit obſervatio, ſed id non fit, ergo ineſt Soli. Verum hæc à me non ideo proponuntur, quaſi paradoxum eſſe velim, ſed ut & alij in hanc rem diligenter attendant, cum neminem adhuc ſciam, qui hunc motum radij Solaris vel Solis ipſius obſervârit.

Hæc ita ſunt de quibus hoc tempore atq; per hanc occaſionem te, candide Lector, commonefacere volui, ſimul rogans, ut ea omnia, quæ in hoc libello bono animo & ſumma fide à me publicantur, candide interpreteris, atq; ita accipias, ut prima fundamenta Mundi Iovialis, ſuper quæ ſemper correctoria ædificare licebit. Bene vale, & his meis vigilijs & laboribus feliciter fruere.

ich herausgefunden, daß diese Sprungbewegung kaum ein Zweihundertstel des Sonnenstrahles ausmacht; mag es ein Zweihundertstel sein. Diese Bewegung stammt also entweder von der Sonne oder von der Erde oder schließlich von der Luft. Ich glaube, daß sie nicht von der Luft stammen kann, da diese Bewegung ganz anders ist als jene andere, die ich als eine Wellenbewegung bezeichnet habe.

Die Kopernikaner werden vielleicht sagen, daß diese Ungleichmäßigkeit herrührt von der täglichen Bewegung der Erde; das lehne ich aber ab, weil ich folgende Berechnung angestellt habe: Wenn der Durchmesser der Sonne 8876 germanische Meilen ist, wie ich später im dritten Teil erwähne, so ziehe man zwei Linien vom Zentrum der Erde zur Sonne; diese zwei Linien umschließen dann von der Oberfläche der Erde 7 germanische Meilen und 3595 geometrische Passus oder 960 Fuß, um die ein Turm im Nu sich von West nach Ost bewegen würde. Diese springende und ungleichmäßige Bewegung der Erde würde zweifellos auf sehr hohen Bergen bemerkt, wenn die Annahme des Kopernikus wahr wäre. Wenn außerdem diese Bewegung der Erde eigen wäre, würde man sie auch am Mondstrahl bemerken, wenn auch die Beobachtung schwieriger wäre. Aber dies gibt es nicht, und daher ist sie der Sonne eigen.

Ich führe dies nicht deshalb an, weil ich wollte, daß es etwas Widersinniges wirklich gäbe, sondern damit auch andere sich sorgfältig mit dieser Sache befassen; bisher kenne ich keinen, der diese Bewegung des Sonnenstrahles oder der Sonne selbst beobachtet hat.

Das ist es also, was ich zu diesem Zeitpunkt und bei dieser Gelegenheit Dir, verständiger Leser, mitteilen wollte; gleichzeitig bitte ich, daß Du alles, was ich in diesem Buch in guter Absicht und höchster Wahrhaftigkeit veröffentliche, verständig beurteilen mögest und so annimmst, nämlich als die ersten Grundlagen zur Jupiterwelt, die man immer wird verbessern können. Lebe wohl und genieße froh diese meine nächtlichen Beobachtungen und Arbeiten.

SIMON MARIVS GVNTZENH. MATHEMATICVS
ET MEDICVS ANNO M. DC. XIV. ÆTATIS XLII.

JNVENTUM PROPRIUM EST: MUNDUS IOVIALIS, ET ORBIS
TERRÆ SECRETUM NOBILE, DANTE DEO.

„Simon Marius
aus Gunzenhausen,
Mathematiker & Arzt,
im Jahre 1614,
im Alter von 42 Jahren."

„Seine eigene Entdeckung
ist das System des Jupiter
und das edle Geheimnis
des Erdkreises
mit Gottes Hilfe."

PRIMA PARS

DE AMPLITUDINE MUNDI JOVIALIS,

CONSIDERATIO UNIVERSALIS.

DEscripturus historiam Mundi Iovialis, haud inconsultum duxi, totam libelli seriem in tres subdividere partes. In prima tractabitur universalis consideratio hujus Mundi Iovialis, videlicet amplitudo ejusdem, & quatuor in eo contentorum corporum magnitudo, & motus velocitas circa Iovem probabiliter determinabitur. In secunda particulares motuum differentiæ explicabuntur. In tertia omnia illa phænomena convenienti Theoria explicabuntur, quibus tandem tabularum compositio & usus subjungetur, qui est principalis scopus totius hujus libelli. Ordiar itaq; ab universali consideratione Mundi hujus Iovialis, à prima machinæ mundanę conditione omnib. mortalibus incogniti. Per diligentem possibilem, eamque diurnam observationem deprehendi Iovem continere in diametro propria 35. sexagesimas quasi, diametri terrestris. Nam sua diametro in media à terris

A distan-

Erster Teil

Über die Größe der Welt des Jupiter

I. Allgemeine Betrachtung

Da ich die Untersuchung der Welt des Jupiter beschreiben will, halte ich es für sinnvoll, den Umfang des Buches in drei Teile zu gliedern. Im ersten wird eine allgemeine Betrachtung dieser Welt des Jupiter abgehandelt, nämlich der Umfang derselben, und es wird in ihm sowohl die Größe der vier in ihr enthaltenen Himmelskörper als auch die Geschwindigkeit der Bewegung um den Jupiter einleuchtend bestimmt. Im zweiten werden die Unterschiede der Bewegungen im einzelnen erläutert. Im dritten werden alle jene Erscheinungen mit einer passenden Theorie erklärt; diesem endlich wird eine Zusammenstellung und Gebrauchsanweisung der Tabellen hinzugefügt; dies ist das Hauptziel dieses ganzen Buches.

Deshalb fange ich mit der allgemeinen Betrachtung dieser Welt des Jupiter an, die seit der anfänglichen Schöpfung des Weltsystems allen Menschen noch unbekannt ist.

Durch möglichst sorgfältige, und zwar tägliche Beobachtung habe ich herausgefunden, daß der Jupiter in seinem Durchmesser gleichsam $^{35}/_{60}$ des Durchmessers der Erde mißt. Ich habe nämlich oft nach Anbruch der Nacht gesehen, daß er sich mit seinem Durchmesser in

diſtantiâ non plus uno minuto ſubtendere in cœlo multoties de die vidi. Ex hoc fundamento totam amplitudinem & extremam circumferentiam Mundi Iovialis inveſtigare conabor, idque in hunc, qui ſequitur, modum.

Si uni gradui æquatoris in ſuperficie terræ tribuuntur quindecim milliaria germanica communia: Tunc diameter terræ continebit eorumdem 1718$\frac{2}{11}$. Verum facilioris operationis gratia reijciatur fractura, ita ut diameter æquet 1718. (Tycho 1720. aſſumpſit) milliaria germanica vulgaria, idque ex proportione 22. ad 7. Hinc indagatur diameter Iovis in ſimilib. milli: germ: per auream regulam Detri. Sic: videlicet 60. id eſt, tota diameter terreſtris dat 1718. milli: germ: quot dabunt 35. atque operatione peracta producuntur 1002. Verum ne ſim nimium ſubtilis, ſint ſaltem 1000. milli. germ. His mediantibus offertur modus inquirendi circuitum Mundi Iovialis, ut ex ſequentibus patebit.

Per proprias & per Galilæi obſervationes deprehenſum eſt, quartum Iovis erronem, id eſt, qui maximè elongatur à Iove, in media Iovis à terra diſtantia ad 13. quaſi minuta, à Iove in utramq; partem excurrere; Accipiam autem in præſenti 14. minuta, ut ſane largus ſim, & ne nimium hoc Ioviale theatrũ coarctem. Cumq; Iupiter in tali à terra diſtantia occupet minutũ unum ſuâ viſibili diametro, cui reſpondent 1000. milliar. germanica, tunc ſemidiameter totius Syſtematis Mundi Iovialis occupabit 14000. & tota diameter 28000. milli. germ. Nunc inverſo ordine per eandem proportionem videlicet 7. ad 22. deprehenditur totus ambit⁹ extremus Mundi Iovialis 88000. mil. germ. vulgarium. Non ſpernenda certe amplitudo hujus Iovialis Mundi, inde à condito Mundo, quantum quidem per hiſtorias conſtat, omnibus hominibus incogniti & inobſervati.

II. DE

mittlerer Entfernung von der Erde nicht mehr als eine Winkelminute am Himmel ausdehnt. Von dieser Grundlage aus versuche ich, den ganzen Umfang und den äußersten Umkreis der Welt des Jupiter herauszufinden, und das auf folgende Weise:

Wenn einem einzelnen Grad des Äquators auf der Oberfläche der Erde fünfzehn gemeine germanische Meilen entsprechen, dann beträgt der Durchmesser der Erde 1718²/₁₁ von ihnen. Allerdings mag einer leichteren Berechnung wegen der Bruch unberücksichtigt gelassen werden, so daß der Durchmesser 1718 gemeine germanische Meilen beträgt (Tycho nahm 1720 an), und dies gemäß dem Verhältnis (von Umfang zu Durchmesser = Kreiszahl) von 22 zu 7. Hierauf wird der Durchmesser des Jupiter in gleichartigen germanischen Meilen durch die goldene Regel des Detrus ermittelt. Folgendermaßen: 60 Teile, das ist der ganze Durchmesser der Erde, ergeben 1718 germanische Meilen: Wieviel ergeben 35? Die Berechnung ergibt 1002. Aber ich will nicht übergenau sein; es sollen jedenfalls doch 1000 germanische Meilen sein. Mit Hilfe dieser Ergebnisse ergibt sich ein Weg, den Umfang der Welt des Jupiter zu erforschen, wie es sich aus dem folgenden zeigen wird.

Es wurde durch meine eigenen Beobachtungen und durch die des Galilei herausgefunden, daß der vierte Mond des Jupiter, das ist der, der die größte Elongation vom Jupiter hat, in mittlerer Entfernung des Jupiter von der Erde ungefähr 13 Winkelminuten auf beiden Seiten abschweift. Ich will aber einmal 14 Minuten annehmen, um recht großzügig zu sein und diesen Umkreis des Jupiter nicht allzusehr einzuengen. Wenn der Jupiter in solcher Entfernung von der Erde eine Minute mit seinem sichtbaren Durchmesser einnimmt, dem 1000 germanische Meilen entsprechen, dann nehmen der Radius des ganzen Systems der Welt des Jupiter 14000 und der ganze Durchmesser 28000 germanische Meilen ein. Nun erhält man umgekehrt durch dasselbe Verhältnis, nämlich 7 zu 22, den ganzen äußersten Umfang der Welt des Jupiter mit 88000 gemeinen germanischen Meilen. Sicherlich nicht unbeachtlich ist die Größe dieser Welt des Jupiter, die von der Schöpfung der Welt an, soviel jedenfalls durch die Berichte bekannt ist, von keinem Menschen untersucht und beobachtet worden ist.

II.

DE AMPLITUDINE SPHÆRARUM QUATUOR JOVIALIUM PLANETARUM.

CUmq; nunc utcunq; constet de circuitu extremo Mundi Iovialis, ad reliquà in eo contenta corpora ordine descendam, & initio facto à Quarto videlicet Saturno Ioviali, ut inferius dicetur, ejus sphæræ circumferentiam & motus celeritatem inquiram.

DE QUARTO.

OBservatum autem est, ut modò dixi, quartum Iovis circulatorem, id est, Saturnum Iovialem, in media Iovis à terrâ distantiâ ad 13. minuta utrinque à Iove recedere, indeque ad Iovem reverti. Erit itaque semidiameter ejus sphæræ 13000. milliarium germanicorum, & tota diameter 26000. eorundem. Et per proportionem datam tota circumferentia sphæræ 81714$\frac{2}{7}$. mil. germ. Constat autem ex ultima à me facta correctione, hunc Saturnum Iovialem, id est, Quartum Iovis erronem hanc circumferentiam peragrare spacio dierum 16. horarum 18. minutorum primorum 9. secundorum 15. ferè. Ideo calculo subducto in unâ horâ conficiet 206. mill. germ. circiter, incredibilis sane celeritas, quæ tamen negari non potest. Si itaque hæc corpuscula minima respectu aliorum, adeo celerem in coelo motum habent, quid de cæteris majoribus judicandum vel potius dubitandum erit?

II. Die Größe der Kreisbahnen der vier Jupitermonde und ihre Geschwindigkeiten

a) Angaben in germanischen Meilen

Nachdem jetzt immerhin der äußerste Umfang der Welt des Jupiter feststeht, widme ich mich den übrigen Körpern, die in ihr enthalten sind, der Reihe nach. Ich beginne mit dem vierten, nämlich dem Saturn des Jupiter, wie später besprochen wird, und errechne den Umfang seiner Kreisbahn und die Geschwindigkeit seiner Bewegung.

Über den vierten Mond, den „Saturn des Jupiter"

Man beobachte aber, wie ich gerade gesagt habe, daß der vierte Mond des Jupiter, das ist der „Saturn des Jupiter", bei mittlerer Entfernung des Jupiter von der Erde sich ungefähr 13 Winkel-minuten auf beiden Seiten vom Jupiter entfernt und von dort zum Jupiter zurückkehrt.

Daher betragen der Radius dieser Kreisbahn 13 000 germanische Meilen und der ganze Durchmesser 26 000. Nach dem gegebenen Verhältnis ist der ganze Umfang seiner Kreisbahn 81 714 $^{2}/_{7}$ germanische Meilen. Es steht aber meiner letzten verbesserten Berechnung nach fest, daß dieser „Saturn des Jupiter", das ist der vierte Mond des Jupiter, diesen Umkreis in einem Zeitraum von etwa 16 Tagen, 18 Stunden, 9 Minuten und 15 Sekunden durchwandert. Daher ergibt die Berechnung, daß er in einer Stunde ungefähr 206 germanische Meilen zurücklegt – in der Tat eine unglaubliche Geschwindigkeit, die dennoch nicht abgestritten werden kann. Wenn daher diese sehr kleinen Körperchen im Verhältnis zu den anderen eine so sehr schnelle Bewegung am Himmel verrichten, was wird man hinsichtlich der übrigen größeren meinen oder vielmehr vorsichtig vermuten müssen?

DE TERTIO.

TErtius Iovis planeta, vel Iupiter Iovialis, ut obſervationes hactenus à me factæ teſtantur, non refragantibus etiam obſervationibus à Galilæo publicatis, in media Iovis à terrâ diſtantiâ, ad 8. minuta in utramque partem à Iove excurrit. Erit itaque ſemidiameter ejus ſphæræ 8000.milli.germ. & tota diameter 16000.& totus circuitus extremus 50286. milli. german. Conſtat autem hunc Tertium Iovialem, circumferentiam hanc permeare diebus 7. horis 3. minutis primis 56.ſecundis 34. Competent itaque uni horæ 292. mill. germ. communia ferè. Eſt ergo hic Tertius celerior Quarto, quia videlicet propior eſt Iovi, quam Quartus.

DE SECUNDO.

SEcundus Iovis circulator, vel Venus Iovialis (docentibus ſic obſervationibus) quinque minutis à Iove utrinque digreditur, Iove in media à terris diſtantia verſante. Itaque ſemidiameter ejus ſphæræ eſt 5000. mill. germ. & tota diameter 10000 & per proportionem 7. ad 22. evadet tota circumferentia vel ambitus 31429.mill. germ. Abſolvit autem tale ſpacium hic Iovialis erro termino dierum 3. horarum 13. minutorum primorum 18. Competent igitur uni horæ 369. mill. germanica ferè; Vel 370. Nolo eſſe nimium ſubtilis in hac pragmatia.

DE PRIMO.

PRimus Iovialis planeta, id eſt, Mercurius Iovialis à Iove utrinq; tribus minutis abſcedit, in prius citatâ Iovis à terris diſtantia. Erit itaque ſemidiameter ipſius ſphæræ 3000. & tota

diameter

Über den dritten Mond, den „Jupiter des Jupiter“

Der dritte Planet des Jupiter oder „Jupiter des Jupiter“ schweift, wie Beobachtungen beweisen, die ich bis jetzt gemacht habe und denen auch nicht die von Galilei veröffentlichten Beobachtungen widersprechen, in mittlerer Entfernung des Jupiter von der Erde ungefähr 8 Minuten auf beiden Seiten vom Jupiter ab.

Daher werden der Radius seiner Kreisbahn 8000 germanische Meilen, der ganze Durchmesser 16000 und der ganze äußerste Umfang 50286 germanische Meilen sein. Es steht aber fest, daß dieser dritte Mond des Jupiter diesen Umkreis in 7 Tagen, 3 Stunden, 56 Minuten und 34 Sekunden durchwandert. Daher entsprechen einer Stunde etwa 292 übliche germanische Meilen. Dieser dritte Mond ist also schneller als der vierte, weil er nämlich dem Jupiter näher ist als der vierte.

Über den zweiten Mond, die „Venus des Jupiter“

Der zweite Mond des Jupiter oder „Venus des Jupiter“ – so lehren die Beobachtungen – schweift 5 Minuten auf beiden Seiten vom Jupiter ab, wenn dieser sich in mittlerer Entfernung von der Erde befindet. Daher sind der Halbmesser seiner Kreisbahn 5000 germanische Meilen, der ganze Durchmesser 10000 und nach dem Verhältnis 7 zu 22 ergibt sich der ganze Umkreis oder Umfang mit 31429 germanischen Meilen. Dieser Mond des Jupiter aber vollendet eine solche Strecke in einem Zeitraum von 3 Tagen, 13 Stunden und 18 Minuten. Daher entsprechen einer Stunde etwa 369 germanische Meilen oder 370. Ich will nicht übergenau in dieser Ausarbeitung sein.

Über den ersten Mond, den „Merkur des Jupiter“

Der erste Planet des Jupiter, das ist der „Merkur des Jupiter“, geht 3 Minuten auf beiden Seiten vom Jupiter weg bei der vorher erwähnten Entfernung des Jupiter von der Erde. Daher betragen der Radius seiner Kreisbahn 3000, der ganze Durchmesser 6000 und der ganze Umfang

diameter 6000. totaque peripheria 18857. mill. germ. Quod ſpacium peragrat die 1. horis 18. minutis primis 28. ſecundis 30. permeabit itaque in unâ horâ 440. milliaria germ. circiter.

Atque hæc eſt utcunque dimenſio Mundi Iovialis, tum extremæ circumferentiæ, tum etiam ſphærarum quatuor errantium corporum, quorum quoque celeritas in menſúris vulgarib. utpote milliari. germanicis ſimul indicata eſt. Ex quibus apparet, quod celeritas motus augeatur cum appropinquatione ad Iovem, prout etiam in planetis hactenus uſitatis pro vicinitate ad Solem fieri videmus: Nam Mercurius Iovialis celerior eſt Venere Ioviali, & Venus Iove, Iupiter deniq; Saturno Ioviali. An autem hæc motus intentio vel remiſſio pendeat à gyratione Iovis ipſius & genuini, necne, veluti Dominus Keplerus Cæſareus Mathematicus probabiliter de Sole ejusq; planetis ☿ ♀ ♂ ♃ & ♄ philoſophatus eſt, apud me ad huc incertum eſt & inobſervatum. Verum uti non certe aſſeverare, ita nec plane negare poſſum. Quare hac de re meum ſuſpendo judicium. At ut verum fatear, hanc corporum cœleſtium vel celeritatem vel tarditatem conſiderandi rationem plane improbo. Quid enim commune habent corpora cœleſtia cum dimenſionibus noſtris, utpote ſtadijs, milliaribus &c. in ſuperficie terræ uſitatis? Alia eſt enim ratio, quando conſidero totam molem alicujus corporis, alia quando ſaltem unicum iſtius punctum. Dabo exemplum ridiculoſum: Eſto Taurus, qui ſecundum rectam lineam progrediendo abſolvat in uno minuto horæ tantum ſpacium, cujus triceſima pars ſit longitudo Tauri: Sedeat autem alicubi in Tauro veſpa, utpote in fronte, quarum centum, ſi ordine collocentur, æquent longitudinem Tauri. Si nunc vellem admirandam celeritatem Tauri ex hoc inferre, quod intra unum minutum horę abſolverit progrediendo longitudinem 3000. veſparum, riderer profectò ab omnibus & meritò. Si verô dixero, intra unum minutum horæ

 abſolvit

18857 germanische Meilen. Diese Strecke durchwandert er in einem Tag, 18 Stunden, 28 Minuten und 30 Sekunden; daher durchläuft er in einer Stunde etwa 440 germanische Meilen. Und dies ist also das Ausmaß der Welt des Jupiter, einmal das des äußersten Umfanges, sodann auch das der Kreisbahnen der vier umkreisenden Körper, deren Geschwindigkeit auch zugleich in gewöhnlichen Maßeinheiten, nämlich in germanischen Meilen, angegeben wurde. Daraus zeigt sich, daß sich die Geschwindigkeit der Bewegung mit der Annäherung zum Jupiter vergrößert, so wie wir auch sehen, daß es bei den bis jetzt bekannten Planeten je nach Nähe zur Sonne geschieht.

Der Merkur des Jupiter ist nämlich schneller als die Venus des Jupiter, dieser ist schneller als der Jupiter des Jupiter und dieser schließlich ist schneller als der Saturn des Jupiter. Ob aber dieses Ansteigen oder Nachlassen der Geschwindigkeit von der Kreisbewegung des Jupiter selbst und allein abhängt oder nicht, gleichwie Herr Kepler, der kaiserliche Mathematiker, über die Sonne und ihre Planeten Merkur, Venus, Mars, Jupiter und Saturn schlüssig vermutet hat, ist mir bis jetzt ungewiß und von mir nicht beobachtet. Aber wenn ich es auch nicht sicher behaupten kann, so kann ich es auch nicht völlig leugnen. Deshalb äußere ich keine Meinung über diese Sache.

b) Angaben im Verhältnis zum eigenen Durchmesser

Um aber die Wahrheit zu sagen, ich mißbillige völlig diese Methode, die große oder geringe Geschwindigkeit dieser Himmelskörper zu betrachten. Denn was haben die Himmelskörper zu tun mit unseren Maßangaben, nämlich in Stadien, Meilen usw., die auf der Oberfläche der Erde üblich sind? Es ist nämlich eine Sache, wenn ich die ganze Größe irgendeines Körpers betrachte, und wieder eine andere, wenn ich nur einen einzigen Punkt dessen betrachte. Ich werde ein nicht ganz ernst gemeintes Beispiel geben: Gegeben sei ein Stier, der entlang einer geraden Linie in einer Minute eine so große Strecke durchläuft, daß deren dreißigster Teil die Länge des Stieres sei:

Angenommen, daß aber eine Wespe irgendwo vorne auf dem Stier säße, von denen hundert, in einer Reihe aufgestellt, die Länge des Stiers ergeben. Wenn ich nun die bewundernswerte Schnelligkeit des Stiers daraus folgern möchte, daß er durch Vorrücken in einer Minute die Länge von 3000 Wespen vollendet, würde ich in der Tat von allen verlacht werden, und das zu Recht. Wenn ich aber sage, daß der Stier in

abſolvit Taurus tantum ſpacium, cujus longitudo ipſius Tauri eſt triceſima pars , nemo celeritatem Tauri admirabitur. Simile de corporibus cœleſtibus intelligendum eſt, celeritasque illorum æſtimanda venit ex tota mole, non ab uno ejus puncto vel centro , contra quam ab Aſtronomis omnibus hactenus factitatum eſt. Improbatâ itaq; & repudiatâ priore dimenſionis ratione, nunc ad alteram deſcendam, cujus etiam in dedicatione prognoſtici in annum 1613. obliquè mentionem feci, & inquiram prius quantitatem ambitus cujusq; horum quatuor Iovialium Erronum, poſtea celeritatem in diametris proprijs; ex quibus manifeſtè apparebit nullam incredibilem celeritatem à me his corpuſculis attribui, ſed potius rationem & modum doceri , quo illa ſtupenda promtitas corporum Cœleſtium ſalvatur, quæ ab Ariſtarchianis & Copernicanis obijci ſolet ijs, qui quietem terræ, atteſtante totâ ſacrâ ſcripturâ, præcipue autem primo capite Geneſeos, aſſerunt. Nemo autem me adeò inſanum exiſtimet, ut qui velim de ambitu horum ſecundariorum planetarum agere, cum de hactenus uſitatorum planetarum magnitudine non certò conſtet. Si quis tamen eſt, qui talia de me concipiat, is ſciat me hîc prope verum ſaltem verſari, ſatiusque ducere veritati craſſo modo appropinquare, quàm de veritate ipſa, eam radicitus quærendo deſperare. Scio etiam dimenſionem ratam & exquiſitam horum corpuſculorum plane impoſſibilem eſſe, interim tamen haud abſurdum, in comparatione ad alia corpora cœleſtia, de quorum magnitudine certius conſtat, quantitatem aliquo modo conjectare, Et in hunc modum ſequentia de quantitate horum Iovialium erronum intelligenda ſunt.

Deprehenſum autem eſt à me frequenti, diligenti & diurna obſervatione Iovem ſuâ diametro in mediâ à terris elongatione unum minutum circiter ſubtendere, prout aliquoties à me jam dictũ eſt. Obſervavi etiam tres Ioviales, videlicet quartum,

einer Minute eine so große Strecke vollendet, deren dreizehnter Teil die Länge des Stieres selbst ist, wird niemand sich über die Schnelligkeit des Stiers wundern. Ähnlich muß man die Himmelskörper beurteilen; deren zu schätzende Schnelligkeit kommt aus der ganzen Größe, nicht von einem ihrer Punkte oder der Mitte, anders als es bis jetzt bei allen Astronomen Praxis gewesen ist.

Nachdem ich also die frühere Methode der Maßangabe mißbilligt und abgelehnt habe, komme ich nun zu einer anderen, die ich auch in der Widmung für das Jahr 1613 indirekt erwähnt habe: Ich untersuche zuerst die Größe des Bahnumfanges eines jeden dieser vier Jupitermonde, danach die Geschwindigkeit in eigenen Durchmessern; daraus wird sich deutlich zeigen, daß von mir diesen kleinen Körpern keine unglaubliche Geschwindigkeit zuerteilt wird; vielmehr wird eine Methode und Weise dargelegt, mit der jene erstaunliche Schnelligkeit der Himmelskörper erklärt wird; diese wird von den Anhängern des Aristarchus und des Kopernikus gewöhnlich denen entgegengehalten, die den Stillstand der Erde behaupten, wobei sie das ganze Schrifttum, besonders aber das erste Kapitel der Schöpfung als Beweis vorbringen.

Niemand möge mich aber für so verrückt halten, daß ich etwas über den Umfang dieser zweitrangigen Planeten sagen wollte, wo doch nicht einmal die Größe der bis jetzt bekannten Planeten sicher feststeht. Wenn es doch irgendwen gibt, der solches von mir glaubt, der möge wissen, daß ich mich hier wenigstens nahe an der Wahrheit bewege und daß ich es für besser halte, mich der Wahrheit auf ungefähre Art und Weise zu nähern, als im unbedingten Streben nach der Wahrheit selbst an ihr zu verzweifeln. Ich weiß auch, daß eine sichere und detaillierte Berechnung dieser kleinen Körper völlig unmöglich ist, daß es jedoch trotzdem nicht sinnlos ist, im Vergleich mit anderen Himmelskörpern, deren Größe sicherer bekannt ist, die Größe auf irgendeine Weise zu erschließen. Und so muß das Folgende über die Größe dieser Jupitermonde verstanden werden.

Über den Jupiter

Durch häufige, sorgfältige und tägliche Beobachtung habe ich aber herausgefunden, daß sich der Jupiter mit seinem Durchmesser in mittlerer Entfernung von der Erde ungefähr eine Winkelminute ausdehnt; dies habe ich schon mehrmals gesagt. Ich habe auch beobachtet, daß drei Jupitermonde, nämlich der vierte, zweite und erste, hinsichtlich

tum, secundum & primum, quoad quantitatem apparentem quã proximè aquales esse inter sese & quantum per cõjecturam assequi licet, (nam hæc præcisæ observationi nullatenus patent.) quasi duodecimam partem diametri Iovis ęquare, Tertium autem ut notabiliter cæteris majorem & splendidiorem octavã ejusdem diametri Iovis obtinere. Hinc ambitus horum corporum cœlestium indagatur in hunc qui sequitur modum:

Jupiter, ut prius indicatum est, sua diametro adæquat 1000. milliaria germanica, quorum duodecima pars est 83. videlicet longitudo diametri trium Iovialium planetarum, quarti, secundi & primi, quia æquales pręsupponuntur. Jam ut 7. ad 22. Ita 83. ad 261. videlicet circumferentiam totam molis Quarti, Secundi & Primi.

Octava pars de 1000. mill. germ. id est, diametro tota Iovis est 125. diametri quantitas Tertij Iovialis Erronis: Calculoque subducto ut prius, prodit ambitus huius planetæ 393. mill. germanicorum.

Nota. Quando hîc & alibi in hoc tractatu loquor de ambitu aut circumferentia corporum, non intelligo totam corpulentiam vel molem planetæ, sed circuitum maximum, ambientem superficiem planetæ, cuius centrum idem est cum centro planetæ. Nam quando metimur corpus sphęricum plebejo modo, inquirimus primo diametrum in certa mensura, postea circumferentiam in eadem mensura. Atquę hæc de quantitate vel potius ambitu quatuor Iovialium planetarum, ut proposueram, crasso modo dicta sunto. Nunc ad inquisitionem celeritatis vel tarditatis horum corporum iuxta meam rationem accedo.

DE QUARTO.

EX superioribus constat, motum horarium huius Quarti Iovialis planetæ esse 200. milliarium germanicorum. Diameter

ihrer offensichtlichen Größe – in welcher sie untereinander wohl fast gleich sind und soviel man durch Schlußfolgerung erhalten kann (denn selbst durch sehr genaue Beobachtung kommt man zu keinem Ergebnis) – gleichsam den zwölften Teil des Durchmessers des Jupiter erreichen, daß der dritte aber, der deutlich größer und glänzender als die übrigen ist, den achten Teil desselben Durchmessers des Jupiter mißt. Daraus errechnet man den Umfang dieser Himmelskörper auf die folgende Weise:

Der Jupiter, wie zuvor angegeben wurde, erreicht mit seinem Durchmesser 1000 germanische Meilen; von denen beträgt der zwölfte Teil 83, nämlich die Länge des Durchmessers der drei Jupitermonde, des vierten, zweiten und ersten, weil sie als gleich angenommen werden. Wie nun das Verhältnis von 7 zu 22, so ergibt 83 zu 261 den ganzen Umfang des vierten, zweiten und ersten.

Der achte Teil von 1000 germanischen Meilen, dem ganzen Durchmesser des Jupiter, beträgt 125; dies ist die Größe des Durchmessers des dritten Jupitermondes; wenn man rechnet wie zuvor, ergibt sich der Umfang dieses Planeten als 393 germanische Meilen.

ANMERKUNG: Wenn ich hier und anderswo in dieser Abhandlung von dem „Umkreis“ oder „Umfang“ der Körper spreche, verstehe ich darunter nicht die gesamte Fülle oder Masse des Planeten, sondern den größten Umfang, der die Oberfläche des Planeten umfaßt und dessen Mittelpunkt identisch mit dem Mittelpunkt des Planeten ist. Denn wenn wir einen kugelförmigen Körper nach üblicher Art und Weise messen, suchen wir zuerst den Durchmesser in einer bestimmten Maßeinheit, danach in derselben Maßeinheit den Umfang. Das soll freilich eine nur ungefähre Angabe der Größe oder vielmehr des Umfangs der vier Jupitermonde, wie ich es dargelegt hatte, sein. Nun schreite ich zur Untersuchung der großen oder geringen Geschwindigkeit dieser Körper gemäß meiner eigenen Berechnungsweise.

Über den vierten Mond

Aus dem vorher Gesagten ist bekannt, daß die von diesem vierten Jupitermond stündlich zurückgelegte Wegstrecke 200 germanische

meter item complectitur 83. milli. germ. Diviſo itaque motu horario per hunc, emergunt in quotiente $2\frac{1}{2}$ diametri propriæ, quibus in unâ horâ promovetur. Nulla itaque celeritas, ſed potius tarditas motus reputanda eſt, ac ſi rota per integram horam ſaltem per duas diametros proprias cum dimidiâ promoveretur.

DE TERTIO.

Hujus Tertij Iovialis circulatoris motus horarius anteà deprehenſus eſt 292. mill. germ. quo diviſo per 125. mil. germ. quæ complectitur ipſius diameter, prodeunt 2. diametri cum $2\frac{1}{3}$ quaſi: quibus in una hora provehitur, eſtque paulo velocior Quarto.

DE SECUNDO.

Planetæ hujus Iovialis motus horarius eſt inventus 370. mill. germ. qui diviſus per 83. producit motum in unâ horâ, 4. diametrorum propriarum, cum dimidiâ fere unius.

DE PRIMO.

Dividendo itidem motum horarium hujus planetæ 440. per 83. emergunt poſt factam diviſionem 5. diametri propriæ, cum $\frac{1}{4}$ ferè, quibus progreditur in una horâ.

Abſolvi nunc pauciſſimis verbis vel univerſaliter ea, quæ in genere, de hoc Mundo Ioviali, eiuſque corporibus & ſphæris dicenda erant. Porro ad particulares motus differentias explicandas mihi tranſeundum erit. Subjungam autem quædam de his planetis, nomina illorum concernentia.

DE

Meilen beträgt. Auch umfaßt der Durchmesser 83 germanische Meilen. Wenn man die Bewegung in einer Stunde durch diesen teilt, ergeben sich im Quotienten 2 1/2 des eigenen Durchmessers, welche Strecke er in einer Stunde zurücklegt. Deshalb darf man nicht von einer Schnelligkeit, sondern vielmehr von einer Langsamkeit der Bewegung sprechen, gerade wie wenn sich ein Rad auf einer Kreisbahn während einer vollen Stunde mit nur 2 1/2 eigenen Durchmessern bewegte.

Über den dritten Mond

Der stündlich zurückgelegte Weg dieses dritten Mondes des Jupiter wurde zuvor als 292 germanische Meilen erhalten; diese teilt man durch 125 germanische Meilen, die der Durchmesser desselben umfaßt, und es ergeben sich ungefähr 2 bis 2 1/3 des Durchmessers; um soviel bewegt er sich in einer Stunde vorwärts, und er ist ein wenig schneller als der vierte.

Über den zweiten Mond

In einer Stunde legt dieser Jupitermond, wie sich ergeben hat, 370 germanische Meilen zurück; teilt man diese Strecke durch 83, erhält man als stündliche Bewegung beinahe 4 1/2 des eigenen Durchmessers.

Über den ersten Mond

Wenn man ebenso den Weg dieses Planeten in einer Stunde von 440 germanischen Meilen durch 83 teilt, ergeben sich fast 5 1/3 des eigenen Durchmessers, mit welchen er in einer Stunde vorrückt.

Ich habe nun mit sehr wenigen Worten und ganz allgemein das behandelt, was in der Gesamtheit über diese Welt des Jupiter und ihre Himmelskörper und Bahnen gesagt werden mußte. Im folgenden werde ich dazu übergehen müssen, die unterschiedlichen Bewegungen im einzelnen zu erklären. Ich werde auch einiges hinzufügen, was die Namen dieser Monde betrifft.

DE NOMINIBUS HIS QUATUOR JOVIALIBUS PLANETIS IMPONENDIS.

IN dedicatione prognoſtici in numero 1613. ſicut etiam in præmiſſis, & in tabulis à me ſupputatis, diſtinxi hos quatuor Iovis aſſeclas ſaltem numeris vel potius ordine, quo ad Iovem ſunt collocati: Ita ut primum vocarim illum, qui anguſtiſſimum circuitum circa Iovem facit, & ſaltem ad tria minuta in utramque partem excurrit (prout nobis in terra apparet) ſecundum qui quinq; minutis in ſua maxima elongatione, à Iove abſcedit. Tertium qui ad octo minuta à Iove utrinque exſpaciatur. Quartum qui diſtantiam 13. vel 14. minutorum (qua de re ſuo loco plura) terminum ſui excurſus agnoſcit.

Galilæus in ſuo Nuncio ſidereo vocat illos ſidera Medicea, hanc præcipue ob cauſam, quia ſcilicet ipſe Florentiæ natus & educatus eſt, ſub Dominio Magnorum Ducum Hetruiæ, qui per multos jam annos ex Illuſtri familia Medicea oriundi fuerunt.

Si ego illoſipſos Iovis circulatores ſidera Brandenburgica nomino, quis hoc in me improbabit? ut qui multò juſtiores cauſas habeam. Nam non ſolum ſub huius Illuſtriſſimæ & Celſiſſimæ Familiæ dominio ego natus ſum, ſed etiam ab anno 14. ætatis meæ uſque in præſens tempus, ſumptibus Illuſtriſſimorum Principum, Marchionum Brandenburgenſium, GEORGII FRIDERICI, laudatiſſimæ memoriæ, & hoc piè defuncto, DOMINI CHRISTIANI & IOACHIMI ERNESTI fratrum, &c. liberaliſſimè ſum enutritus, ad ſtudia liberalium artium & linguarum aſſuefactus, in Italia ob ſtudium Medicum ultra triennium ſuſtentatus, & ob ſingula-

B rem

III. Über die Namen, die diesen vier Jupitermonden zu geben sind

a) Zählende Benennung

In der Widmung der „Prognostica“ für das Jahr 1613 sowie auch im Vorwort dieses Buches und in den von mir erstellten Tabellen habe ich diese vier „Anhänger“ des Jupiter jedenfalls nach Nummern oder vielmehr nach der Reihenfolge unterschieden, wie sie zum Jupiter stehen; so möchte ich jenen den ersten nennen, der den allerengsten Umlauf um den Jupiter macht und nur etwa drei Winkelminuten auf jede Seite hinausläuft (so wie es uns auf der Erde erscheint); den zweiten nenne ich den Mond, der fünf Winkelminuten in seiner höchsten Entfernung vom Jupiter wegläuft; den dritten, der etwa acht Winkelminuten vom Jupiter auf beiden Seiten abschweift; den vierten, der bis zu einer Entfernung von 13 oder 14 Winkelminuten hinausläuft (über diese Sache mehr an passender Stelle).

b) „Brandenburger Gestirne“

Galilei nennt jene Gestirne in seinem „Sternenboten“ Mediceische Gestirne, besonders deshalb, weil er selbst ja in Florenz geboren und erzogen wurde unter der Herrschaft der großen Fürsten von Etrurien, die schon viele Jahre hindurch aus der berühmten Familie der Medici stammten.

Wenn ich eben diese Monde des Jupiter als Brandenburger Gestirne bezeichne, wer wird mir dies verargen, da ich ja viel gerechtere Gründe habe? Denn ich bin nicht nur unter der Herrschaft dieser sehr angesehenen und erhabenen Familie geboren, sondern ich bin auch ab dem 14. Jahr meines Lebensalters bis jetzt sehr freigebig aufgezogen worden auf Kosten der hochberühmten Fürsten der Marken Brandenburg, des GEORG FRIEDRICH, von höchst lobenswertem Andenken, und, nachdem dieser fromm gestorben war, auf Kosten der Brüder HERR CHRISTIAN und HERR JOACHIM ERNST und anderer; ich wurde mit den Studien der freien Künste und der Sprachen vertraut gemacht; in Italien wurde ich länger als drei Jahre wegen meines Medizinstudiums unterstützt; wegen der einzigartigen Liebe dieser Fürsten zu den mathema-

rem amorem ad ſtudia Mathematica, quem quaſi hæreditario jure ab Illuſtriſſimo Principe Alberto Marchione Brandenburgico, Duce Boruſſiæ, &c. à quo etiam tabulę prutenicę denominatæ ſunt, acceptum habent, una cum familia mea ſuſtentor adhuc: Qua in re ego cum poſteris meis, ſi qui erunt ſummam liberalitatem Tantorũ Principum ex tam Illuſtriſſima familia Oriundorum, gratus agnoſco, & poſteritati meritò teſtatam facio, atq; hoc nomine illos, uti digniſſimi ſunt, quantum in me eſt, immortales efficio.

Quæ igitur Galilæo, ut primo obſervatori in Italia ſunt ſidera Medicea, ea mihi in germania à me primum viſa & obſervata (uti ex præfatione ad lectorem patet) ſidera Brandenburgica ſunto, atque hoc ob memoriam, ut dixi, tantorum beneficiorum ab hac illuſtriſſima & partim Electorali familia in me liberaliſſime collocatorum.

Dominus Keplerus in quadam Epiſtola ad me vocat illos circulatores Ioviales. Dominus David Fabricius, etiam in literis ad me datis, nominat illos Ioviales. Alij circumIoviales & circumplanetares uti videlicet cuique placet. Si qui vero ſunt, qui ſingula nomina ſingulis imponenda eſſe contendunt, ijs à me, uti ſpero, ſic ſatisfiet, ſcilicet ut is qui maximas digreſſiones facit, vocetur Saturnus Iovialis. Nam quemadmodum Saturnus Solaris & genuinus longiſſime præ cęteris planetis à Solę diſcedit, circuituſque ſuos exercet. Ita hîc à Iove.

Alter autem qui luminis Majeſtate & quantitate apparente reliquos aſſeclas Ioviales ſuperat, quemque ab initio Tertium appellavi, Iupiter Iovialis eſto. Secundus ſit Venus Iovialis. Primus denique Mercurius Iovialis. Cur autem Martem hîc omnino excludam, ideo fit, quia ſcilicet Iupiter verus inter omnes planetas pro feliciſſimo habetur, quoad influxũ eius in corpora ſub lunaria, Mars autem infauſtus planeta ab omnibus

tischen Studien, welche sie gleichsam ererbt haben vom hochberühmten Markgrafen von Brandenburg, Albert, dem Fürsten von Preußen etc., nach dem auch die Preußischen Tafeln benannt sind, erhalte ich bis jetzt gemeinsam mit meiner Familie den Lebensunterhalt. Hierbei erkenne ich mit meinen Nachkommen, wenn ich welche haben werde, die sehr hohe Freigebigkeit der so großen Fürsten, die aus einer so hochberühmten Familie stammen, dankbar an; für die Nachwelt bezeuge ich ihr Verdienst und mit dieser Benennung (der Monde) mache ich sie, soweit es in meiner Macht steht, unsterblich, da sie ja die Würdigsten sind.

Was also für Galilei die Mediceischen Gestirne sind, weil er sie in Italien zuerst beobachtet hat, sollen, von mir in Deutschland zuerst gesehen und beobachtet (wie aus der Vorrede an den Leser deutlich wird), für mich die Brandenburger Gestirne sein; dieses tue ich, weil ich mich, wie erwähnt, erinnere an die so großen Wohltaten, die mir von dieser hochberühmten und zum Teil kurfürstlichen Familie sehr freigebig erwiesen wurden.

c) Benennung analog zu den Planeten der Sonne

Herr Kepler nennt jene Himmelskörper in einem Brief an mich „Umkreiser" des Jupiter. Herr David Fabricius nennt jene, auch in einem an mich geschriebenen Brief, Jupitermonde. Andere nennen sie „Monde um den Jupiter" und „die, die um Planeten kreisen", wie es eben jedem gefällt. Wenn es aber Leute gibt, welche darauf bestehen, daß jedem einzelnen Himmelskörper ein Namen gegeben werden müsse, so tue ich ihnen, wie ich hoffe, dadurch Genüge, daß ich nämlich den Mond, der die größten Abschweifungen macht, „Saturn des Jupiter" nenne. Denn so, wie der Saturn der Sonne, der eigentliche Saturn, sehr weit im Vergleich zu den übrigen Planeten von der Sonne abschweift und seine Umläufe vollendet, so tut es dieser beim Jupiter.

Der andere aber, der durch den Glanz des Lichtes und die offensichtliche Größe die übrigen Begleiter des Jupiter übertrifft und den ich von Anfang an den „dritten" genannt habe, soll der „Jupiter des Jupiter" sein. Der zweite sei die „Venus des Jupiter". Der erste schließlich der „Merkur des Jupiter". Den Mars aber will ich hierbei gänzlich ausschließen, weil nämlich der eigentliche Jupiter unter allen Planeten für der glücklichste gehalten wird hinsichtlich seines Einflusses auf die unterhalb der Mondsphäre befindlichen Körper; den Mars aber sehen alle Astrologen schon immer als einen unheilbringenden Planeten an, und

omnibus Aſtrologis traditur nullàque ratione, aut certe difficilimè cum Iove conciliari poteſt. Iovi enim aſcribuntur ſequentia nimirum Iuſtitia, pietas, æquitas, integritas, lenitas, temperantia, gravitas, & ſimiles virtutes. Marti autem his omnia contraria: Quin & diligenter hos Ioviales intuenti, nulla in ipſis Martialis rutilantia apparet, ideoque merito ab hoc Ioviali & felici conſortio excluditur. Saturnum autem quod attinet, licet & hic ab Aſtrologis pro infauſto planeta agnoſcatur, tamen ei melius cum Iove quibuſdam in virtutibus convenit, ut in gravitate, patientia, Autoritate & Majeſtate, &c. Color etiam hujus Quarti, colori Saturni Solaris non eſt abſimilis. Quin & hoc notandum, quod interdum Iupiter male conſtitutus, ab Aſtrologis ſignificare exiſtimetur, ſimultates & hypocriſin; id autē à mixtura hujus Saturni Iovialis exiſtere putetur. Forſitan autē non deerunt, quibus hactenus recenſita nomina non placebunt, ſed proprium uniuſcuiuſq; horum quatuor Iovialium ſiderum nomen ab Aſtronomis flagitabunt. Ijs etiam in hunc modum ſatisfieri poſſe puto, quod tamen abſque ulla ſuperſtitione & cum licentia Theologorum factum volo. Iupiter à poëtis ob illicitos maximè amores arguitur: Inprimis autem celebrantur tres fœminæ Virgines, quarum furtivo amore Iupiter captus & potitus eſt, videlicet Io Inachi Amnis filia: Deinde Caliſto Lycaonis, & deniq; Europa Agenoris filia: Quin etiam impenſius amavit Ganymedem puerum formoſum, Trois Regis filium, adeo etiam ut aſſumptâ aquilæ figurâ, illum humeris impoſitum, in cœlum tranſportavit, prout fabulantur poetæ, inprimis autem Ovidius lib. 10. fab. 6. Itaque non male feciſſe videor, ſi Primus à me vocatur Io. Secundus Europa: Tertius ob luminis Majeſtatem Ganymedes Quartus denique Caliſto. Quæ nomina ſequenti diſticho comprehenduntur.

er kann auf keine Weise oder sicherlich nur schwer mit dem Jupiter zusammengebracht werden. Dem Jupiter werden ohne Zweifel folgende Eigenschaften zugeschrieben: Gerechtigkeit, Frömmigkeit, Gleichmut, Redlichkeit, Gelassenheit, Mäßigung, Ernst und ähnliche Tugenden. Dem Mars aber wird alles diesem Gegenteilige zugeschrieben; dem, der diese Jupitermonde sorgfältig betrachtet, erscheint freilich bei ihnen nichts von dem roten Glanz des Mars, und deswegen wird er verdientermaßen von der glücklichen Gesellschaft mit dem Jupiter ausgeschlossen. Was aber den Saturn betrifft – mag freilich auch dieser von den Astrologen als ein unheilbringender Planet angesehen werden –, stimmt er dennoch in gewissen positiven Eigenschaften sehr wohl mit dem Jupiter überein, wie im Ernst, in der Geduld, der Würde und der Erhabenheit etc. Auch die Farbe dieses vierten Mondes ist der Farbe des Sonnensaturns nicht unähnlich. Allerdings ist auch zu bemerken, daß der Jupiter manchmal, wenn er ungünstig steht, nach Meinung der Astrologen Groll und Heuchelei bedeutet; dies kann aber aus der Vermischung mit diesem Saturn des Jupiter entstehen.

d) Mythologische Benennung

Möglicherweise aber gibt es Leute, denen die bis jetzt aufgezählten Namen nicht gefallen, sondern die von den Astronomen einen eigenen Namen für jeden einzelnen dieser vier Jupitermonde verlangen. Ich glaube, auch diesen kann auf folgende Weise Genüge getan werden – was ich aber doch ohne irgendwelchen Aberglauben und mit der Erlaubnis der Theologen getan haben will. Der Jupiter wird von den Dichtern am meisten wegen unerlaubter Liebesverhältnisse beschuldigt. Am meisten werden aber drei junge Frauen gepriesen, zu welchen Jupiter durch heimliche Liebe erfaßt wurde, nämlich Io, die Tochter des Flußgottes Inachus, hierauf Kallisto, die Tochter des Lycaon, und dann Europa, die Tochter des Agenor; allzu heiß liebte er gar auch den wohlgestalteten Knaben Ganymedes, den Sohn des Königs Tros, und zwar so sehr, daß er ihn in der Gestalt eines Adlers auf seinen Schultern in den Himmel gebracht hat; so erzählen es die Dichter in ihren Sagen, vor allem aber Ovid, Buch 10, Geschichte 6. Deswegen scheint es mir passend, den ersten Mond Io zu nennen, den zweiten Europa, den dritten wegen seines herrlichen Glanzes Ganymedes, schließlich den vierten Kallisto. Diese Namen faßt das folgende Distichon zusammen:

In Europa, Ganimedes puer, atque Caliſto,
Laſcivo nimium perplacuere Jovi.

Huic figmento & propriorum nominum impoſitioni occaſionem præbuit Dominus Keplerus Cæſareus Mathematicus, quando menſe octobri Anni 1613. Ratisbonæ in Comitijs unâ eramus. Quare ſi per jocum & per amicitiam inter nos tunc initum, illum compatrem horum quatuor ſiderum ſalutavero, haud male fecero.

Verum uti hęc nomina omnia à me ſunt liberè conficta, ita etiam cuique liberum eſto, ea vel repudiare vel acceptare.

Tantum de hac primâ libelli hujus parte, ſequitur nunc ſecunda.

SE-

Io, Europa, der junge Ganymedes und Kallisto
haben dem wollüstigen Jupiter allzusehr gefallen.

Zu diesem Einfall und dieser Benennung mit Eigennamen hat der kaiserliche Mathematiker Herr Kepler Anlaß gegeben, als wir im Monat Oktober des Jahres 1613 bei einem Treffen in Regensburg waren. Deswegen tue ich wohl gut daran, ihn scherzhaft und in aller Freundschaft, die wir damals schlossen, als Mitpaten der vier Gestirne zu grüßen.

Aber wie ich alle diese Namen ohne tieferen Ernst ausgedacht habe, soll es auch jedem frei stehen, diese entweder abzulehnen oder anzunehmen.

Soviel über diesen ersten Teil dieses Buches, nun folgt der zweite.

Europa auf dem Stier
Palermo, Museo Archeologico Nazionale

Zeus und Ganymed
Terrakottagruppe, um 500 bis 475 v. Chr.
Olympia, Museum

SECUNDA PARS

DE PARTICULARI CONSIDERATIONE MUNDI JOVIALIS.

Postquam ea hactenus à me ſunt explicata, brevibus potius & ſuccinctis verbis, quam longa oratione, quæ ab Aſtronomo conſiderari ſolent & debent: Tempus eſt ut tandem ad particulares motuum horum quatuor Iovialium planetarum differentias me convertam, quæq; à me hactenus in illorum motu ſunt deprehenſa & obſervata, ob oculos ponam & via geometrica demonſtrem. Sunt autem ſeptem ſequentia phænomena.

I.

Primum phęnomenum ſeu apparentia in his planetis eſt, quod non fixa uno in loco & in una â Jove diſtantia perpetuò verſantur, ſed moventur circa Jovem, modo orientales; modo occidentales ab illo exiſtentes.

II.

Quilibet ex his quatuor Jovialibus peculiarem ſive maximę elongationis à Iove terminum utrinq; agnoſcit. Id inde obſervatum eſt, quia nunquam duos vel plures congredi vidi

Zweiter Teil

Betrachtung der Welt des Jupiter im Einzelnen

I. Die sieben Phänomene: Zusammenfassung

Die Dinge, welche ein Astronom betrachten wird und auch betrachten muß, habe ich bisher erklärt, und zwar lieber in kurzen und knappen Worten als in einer langen Rede; nun ist es an der Zeit, daß ich mich endlich den einzelnen Unterschieden der Bewegung dieser vier Jupitertrabanten, welche ich bisher in ihrer Bewegung entdeckt und beobachtet habe, zuwende, sie darstelle und mit Hilfe der Geometrie verdeutliche. Es gibt aber sieben folgende Phänomene:

I.

Das erste Phänomen – oder die erste Erscheinung – bei diesen „Planeten" besteht darin, daß sie sich nicht ständig fest an einem Ort und in einer Entfernung vom Jupiter aufhalten, sondern sich um ihn bewegen, wobei sie sich bald östlich, bald westlich von ihm entfernen.

II.

Jeder beliebige von diesen vier Jupitertrabanten hält eine besondere Grenze ein, nämlich die der größten Elongation auf beiden Seiten des Jupiter. Dies ist mir deshalb aufgefallen, weil ich niemals gesehen habe, daß zwei oder mehr sich bei der größten Entfernung des vierten trafen.

circa maximam distantiam Quarti. Quanta autem uniuscujusq; vel elongatio, partim ex jam supra dictis constat, & paulo post ea de re pluribus agam.

III.

Prope Iovem sunt velocissimi, in terminis vero maximæ distantiæ, tardi & quasi stationarij.

IV.

Periodicas restitutiones circa Iovem inæquales deprehendi, propioris celeriorem, remotioris tardiorem.

V.

Post plurimas observationes factas, atq; post deprehensas cujuslibet quam proximè periodos revolutionum, animadverti etiam aliud phęnomenon. Nimirum quod æqualitate motus sui principaliter quidem Iovem: cum Iove autem non terram sed Solem respiciant.

VI.

Moventur quidem hi secundarij Ioviales planetæ in linea ad Eclipticam parallelâ, quoad totam revolutionem, interim tamen ab hac parallela deflectunt, modo in boream, modo in austrum, differentia peneptibili, pręcipuè quando duo conjuncti cernuntur, alterq; est in accessu, alter vero in discessu à Iove.

VII.

Non semper æquali magnitudine cernuntur hi Ioviales errones, sed modo majores, modo minores.

Hæc septem φαινόμενα à me hactenus in horum Iovialium siderum motu sunt deprehensa, de quibus etiam in sequentibus sigillatim agam, idque brevibus & succinctis verbis, quia eloquentiam mihi natura negavit. Simul etiam per excogitatam à me, uti opinor, convenientem hypothesin, talia salvare & demonstrare conabor.

DE

Wie groß wohl aber die Elongation jedes einzelnen ist, steht teilweise schon aufgrund des vorher Gesagten fest, und ich werde mich wenig später mehr mit dieser Sache beschäftigen.

III.

In der Nähe des Jupiter sind sie am schnellsten, an den Endpunkten der größten Entfernung aber langsam, ja fast stillstehend.

IV.

Die periodischen Umläufe sind, wie ich festgestellt habe, ungleich: Die eines näheren Trabanten sind schneller, die eines entfernteren Trabanten sind langsamer.

V.

Nachdem ich sehr viele Beobachtungen angestellt und die periodischen Umlaufzeiten eines jeden Trabanten möglichst genau erhalten hatte, bemerkte ich noch ein anderes Phänomen:
nämlich, daß sie in dem Gleichmaß ihrer Bewegung auf den Jupiter als Zentrum ausgerichtet sind; zusammen mit dem Jupiter aber sind sie nicht auf die Erde, sondern auf die Sonne als Mittelpunkt gerichtet.

VI.

Diese zum Jupiter gehörenden „Planeten" bewegen sich zwar während des ganzen Umlaufs entlang einer Linie, die parallel zur Ekliptik verläuft; zuweilen aber weichen sie von dieser Parallele um einen kaum merklichen Unterschied ab, bald nach Süden, bald nach Norden; dies geschieht vornehmlich dann, wenn zwei Monde zunächst in Konjunktion erscheinen und dann der eine sich dem Jupiter nähert, der andere aber entfernt.

VII.

Diese Begleitgestirne des Jupiter erscheinen nicht immer in gleicher Größe, sondern bald größer, bald kleiner.

Diese sieben Phänomene habe ich bisher bei der Bewegung dieser Begleitgestirne des Jupiter entdeckt; ich werde sie im folgenden, mit Schaubildern versehen, in kurzen und knappen Worten behandeln, denn Beredsamkeit gab mir die Natur nicht. Gleichzeitig werde ich versuchen, solches durch die von mir entwickelte und, wie ich meine, zutreffende Hypothese genau zu erklären.

DE PRIMO.

NOn opus eſſe cenſeo pluribus hîc repetere quæ in præfatione à me dicta ſunt: Hoc ſaltē hîc inculco, hoc phęnomęnon uti primum, ita omnium facilimum obſervatu fuiſſe. Nam de die in diem, imo quaſi de hora in horā mutabatur illorum habitudo ad Iovem, ſub primas à me factas obſervationes, videlicet in autumno anni 1609. pręcipue autem circa finem ejuſdem & initium ſequentis anni. Licet enim primum exiſtimarim hæc ſidera eſſe ex fixarum numero, quæ aliàs abſque hoc inſtrumento cerni nequeunt, tamen quia ♃ tunc erat retrogradus, hæc ſubita, eaque diverſa habitudo ad Iǫvem me admodum confudit, uſque dum tandem dubitare cępi, an revera fixa eſſe poſſint nec ne. Cum vero ♃ jam per aliquot gradus retroceſſiſſet, & nihilominus concomitantiam cum Iovę horum ſiderum viderem, cępit me ſumma admiratio hujus rei, & obſervationes annotare incepi, interque illas prima fuit obſervatio 29. Decembris Anni 1609. quo die veſperi horam circiter quintam tres à Iove occidentales in linea cum ♃ quaſi recta vidi, poſtea hanc obſervationem continuavi uſq; huc.

Ex eo etiam certus factus ſum hæc ſidera Iovem pro centro agnoſcere, & circa illum ferri, plane ut ☿ ♀ ♂ ♃ ♄ circa Solem tanquam centrum circumaguntur.

DE SECUNDO.

HOc phęnomenon obſervatu difficilius erat priore. Requirebantur enim ad hanc rē neceſſario quam plurimę obſervationes. Prius .n. neceſſe erat, ut mihi de numero horū

ſiderum

II. Die sieben Phänomene im Detail

Das erste Phänomen

Ich halte es nicht für nötig, was ich in der Einleitung bereits gesagt habe, hier mehrmals zu wiederholen. Dies allerdings will ich hier betonen: Diese Erscheinung war als erste und auch von allen am einfachsten zu beobachten. Denn während der ersten von mir durchgeführten Beobachtungen, nämlich im Herbst des Jahres 1609, besonders aber gegen Ende desselben und zu Beginn des folgenden Jahres, veränderte sich von Tag zu Tag, nein, beinahe von Stunde zu Stunde ihre Stellung gegenüber dem Jupiter. Natürlich glaubte ich zuerst, daß eben diese Gestirne Fixsterne seien, die sonst ohne dies Instrument nicht gesehen werden können. Weil aber der Jupiter damals gerade rückläufig war, verwirrte mich dieses unerwartete und unterschiedliche Verhalten völlig; da fing ich an, zu bezweifeln, ob die eben Erwähnten Fixsterne sein könnten oder nicht. Als aber der Jupiter schon um einige Grad zurückgelaufen war und ich ihn nichtsdestoweniger immer noch in Begleitung seiner Gestirne sah, erfaßte mich höchste Verwunderung über dieses Phänomen und ich begann, die Beobachtungen zu notieren. Die erste darunter war die Beobachtung vom 29. Dezember des Jahres 1609. Am Abend dieses Tages sah ich um die fünfte Stunde drei Gestirne, die sich westlich des Jupiter gleichsam auf einer geraden Linie mit ihm befanden. Daraufhin führte ich die Beobachtungen bis jetzt fort.

Aufgrund dessen war ich nun sicher, daß diese Gestirne den Jupiter als ihr Zentrum ansehen und um ihn herumwandern, genau wie Merkur, Venus, Mars, Jupiter und Saturn sich um die Sonne wie um ein Zentrum herumdrehen.

Das zweite Phänomen

Dies Phänomen war schwieriger als das erste zu beobachten. Es erforderte nämlich notgedrungen möglichst viele Beobachtungen. Zuvor war es nötig, daß ich mir über die Anzahl der Gestirne im klaren war;

ſiderum certo conſtaret, qua de re vix ante Martium Anni 1610. certus ſum factus. Poſtea cum ſaltem quatuor talia corpora circa Iovem mobilia pro comperto haberem, juvit me plurimum maxima elongatio Quarti, & inprimis diligenter attendebam his ſideribus, quando illa erant in maxima remotione. Tertius ut notabiliter major erat etiam obſervatu facilis, ita ut ſine magno labore vel attentione dignoſceretur in ſua maxima diſtantia. De horum duorum maxima elongatione intra menſium 6. ſpacium confirmatus ſum. Reliqui duo mihi plurimum laboris & negocij exhibuerunt. Cogebar enim expectare tempus, quo omnes quatuor ſimul cernebantur, & obſervationes has per aliquot horas continuare, interdum per totum illud ſpacium, quo ♃ ſupra Horizontem verſabatur, ſi per ſerenitatem licebat. Atque hac ratione tandem deprehendi: Quartum à Iove 13. minutis utrinque excurrere, ibiq; quaſi ſtare & inde ad Iovem reverti. Tertium octo, ſecundum quinq;: Primum 3.

Ad has maximas elongationes ſupputatæ ſunt meæ tabulæ diſtantiarum.

Notandum tamen has maximas digreſſiones rectè ſe habere, quando Iupiter eſt in quadrato ſolis, & in media à terris elongatione. Nam circa oppoſitiones Iovis cum ſole, manifeſtè hæ diſtantiæ augentur. Præcipue autem Quarti, quem 14. minut. non ſaltem adæquare, ſed etiam aliquantulum excedere deprehendi. Ita appropinquante ſole ad Iovem, vel quando ♃ erat extra radios ſolares, ita ut obſervari & videri hæc ſidera potuerint, inveni has diſtantias manifeſte imminui & coarctari. Verum cum per inſtrumentum meum hanc augmentationem & diminutionem dimetiri hactenus mihi non licuerit: Neſcio enim an tantam admittant obſervationes, quantum quidem diverſa elongatio Iovis à terra requirit; Ideo in præſenti de ea nihil determinare volui, hanc exquiſi-

darüber verschaffte ich mir kaum vor März des Jahres 1610 Gewißheit. Später, als ich vier solcher sich um den Jupiter bewegender Körper für sicher hielt, half mir am meisten die sehr große Elongation des vierten, und ich beobachtete diese Gestirne besonders sorgfältig, wenn sie in größter Entfernung waren. Der dritte war, weil er bemerkenswert größer ist, auch leichter zu beobachten, so daß er sich ohne große Mühe oder Anstrengung in seiner größten Elongation erkennen ließ. Über die größte Elongation dieser beiden wurde ich mir innerhalb eines Zeitraumes von sechs Monaten sicher. Die anderen beiden bereiteten mir mehr Mühe und Arbeit. Ich war sogar gezwungen, die Zeit abzuwarten, in der alle vier gleichzeitig zu sehen waren, und mußte diese Beobachtungen über einige Stunden fortführen, zuweilen sogar während des ganzen Zeitraumes, an dem der Jupiter über dem Horizont war, wenn dies durch klares Wetter ermöglicht wurde. Und auf diese Weise kam ich endlich zu diesem Ergebnis: Der vierte Trabant läuft auf beiden Seiten 13 Minuten vom Jupiter weg, dort bleibt er fast stehen und kehrt dann zum Jupiter zurück; der dritte Trabant läuft acht Minuten, der zweite fünf und der erste drei Minuten vom Jupiter weg.

Für diese größten Elongationen sind meine Entfernungstabellen erstellt.

Man muß aber anmerken, daß diese Angaben über die größten Entfernungen nur dann korrekt sind, wenn Jupiter in Quadratur mit der Sonne und in mittlerer Entfernung von der Erde steht. Denn mit Erreichen der Opposition des Jupiter mit der Sonne vergrößern sich diese Entfernungen deutlich, vornehmlich aber die des vierten, von dem ich festgestellt habe, daß er 14 Minuten nicht nur erreicht, sondern sogar ein wenig überschreitet. Ich habe ebenso herausgefunden, daß diese Abstände sich deutlich verkürzen und zusammenschrumpfen, wenn die Sonne sich dem Jupiter näherte oder wenn Jupiter außerhalb der Sonnenstrahlen war, aber so, daß diese Gestirne genau beobachtet werden konnten. Aber weil es mir bisher nicht möglich war, mit meinem Gerät diese Vergrößerung und Verringerung zu messen – ich weiß nämlich nicht, ob die Beobachtungen so viel (Genauigkeit) zulassen, wie die verschiedenen Entfernungen des Jupiter von der Erde ja erfordern –, deshalb wollte ich für jetzt nichts darüber festlegen und wollte dies für

quiſitioribus & diligentioribus obſervationibus reſervaturus. Itaque has diſtantias, quas in tabulis poſui, pro mediocribus habendas eſſe cenſeo, uſque dum de hac etiam differentia, vel ut rectius loquar, de hoc defectu & exceſſu certo conſtiterit, ſufficiatque candido logiſtæ, atque harum rerum novarum cœleſtium admiratori, theoriam & tabulas habere, ex quibus facili negocio ſcire licet, uti ſpero, quæ ex his ſideribus ſint orientalia, quæ occidentalia, & in qua circiter à Iove diſtantia. Incepi quidem hoc anno 1613. etiam de defectu & exceſſu ſubtilius cogitare. Accepi autem pro media elongatione Quarti à ♃ 12. primi 30. ſecunda. Et poſtea ad quindenos gradus veræ diſtantiæ Iovis & Solis ſupputavi diſtantiam Iovis à terra in partibus qualium terræ & Solis eſt 11. & ♃ & Solis 60. Inſuper ad inventas diſtantias quæſivi exceſſum ſupra mediam & defectum à media elongatione à Iove, quæ contingit, quando Iupiter tantum diſtat à Sole quantum à terra. Verum calculus intricatior redditus fuiſſet, ideoque hunc laborem in aliud tempus reſervare volui, interim etiam pluribus obſervationibus de hoc etiam phænomeno certius confirmabor.

DE TERTIO.

HOc phęnomenon etiam facilime deprehendi & obſervari poteſt, præſertim quod ad ſtationem Quarti attinet. Nam is interdum per integrum fere triduum in eadem à Iove maxima diſtantia, à me deprehenſus eſt, ita ut nulla perceptibilis differentia animadverti potuerit. Prope Iovem vero ſubito illius, præſertim Tertij diſtantia variebatur, ut qui ob luminis majeſtatem & quantitatem præ alijs facile cognoſcitur: Hic enim qua horâ hodie erat occidentalis à Iove, eadem horâ ſequentis diei orientalis ab eodem fa-

C ctus

feinere und sorgfältigere Beobachtungen aufbewahren. Daher meine ich, daß die Abstände, die ich in die Tabellen eingetragen habe, als für durchschnittliche Abstände anzusehen sind, bis auch noch über diese Unterschiede oder, um es genauer zu sagen, über dies Schwinden und Anschwellen Sicherheit herrscht. Es möge dem in der Logik geübten Leser und dem Bewunderer dieser neuen Entdeckung am Himmel genügen, eine Theorie und Tabellen zu haben, aus denen, wie ich hoffe, mühelos ersichtlich ist, welche von diesen Gestirnen sich östlich und welche westlich aufhalten und ungefähr in welcher Entfernung vom Jupiter. Ich begann freilich im jetzigen Jahre 1613, auch über das Schwinden und das Anschwellen genauer nachzudenken. Für die mittlere Elongation des vierten Trabanten vom Jupiter erhielt ich zwölf Minuten 30 Sekunden. Und hernach berechnete ich die Entfernung des Jupiter von der Erde, bezogen auf die 15 Grad der wahren Entfernung des Jupiter von der Sonne im Verhältnis; dieses ist für die Entfernung zwischen Erde und Sonne 11 Teile und für die zwischen Jupiter und der Sonne 60 Teile. Darüber hinaus ermittelte ich zusätzlich zu den gefundenen Entfernungen auch das Über- und Unterschreiten der mittleren Elongation vom Jupiter; diese tritt dann ein, wenn der Jupiter so weit von der Sonne entfernt ist wie von der Erde. Aber die Berechnung wäre allzu schwierig geworden und deshalb wollte ich diese Arbeit auf später verschieben. Unterdessen werde ich mir durch mehr Beobachtungen auch betreffs dieses Phänomens auch noch sicherer werden.

Das dritte Phänomen

Dieses Phänomen kann auch sehr leicht erkannt und beobachtet werden, zumal da es mit dem Stand des vierten Mondes zusammenhängt. Denn diesen fand ich zuweilen fast ganze drei Tage lang an derselben weitesten Entfernung vom Jupiter, ohne daß ich einen merklichen Unterschied wahrnehmen konnte. Nahe dem Jupiter aber änderte sich deren Entfernung unerwartet schnell, besonders die des dritten, den man ja wegen der Helligkeit seines Lichtes und seiner Größe vor den anderen leicht erkennen kann. Dieser nämlich ist zu derselben Stunde des folgenden Tages, zu der er heute westlich vom Jupiter war, östlich von selbigem und umgekehrt. Besonders aber läßt sich die schnellste

ctus est, & vice versa. Inprimis autem velocissima motio observatur, quando duo prope Iovem conjunguntur, alterque est in accessu, alter vero in recessu. In hac enim constitutione intra spacium unius & alterius hora manifeste invicem separantur.

Hoc phęnomenon me plurimum juvit in excogitanda conveniente theoria, videlicet, quod circulari motu circa Iovem ferantur. Hæc enim circularis motus proprietas est, ut corpora prope lineam transeuntem per centrum, velocissima sint, in tangente vero circulum tardissima & quasi stationaria, prout postea in explicatione Theoriæ indicabitur, & aliàs in libellis sphęricis vulgaribus demonstratur.

DE QUARTO.

HOC opus, hic labor. Nisi enim mihi de Secundo & Tertio phenomeno certò constitisset, nunquam tempora restitutionis periodicę indagare potuissem.

Nulla enim ratione in cognitionem periodicæ revolutionis pervenire potuissem, nisi terminus maximæ elongationis à Iove utcunque mihi notus fuisset. Itaque prima inquisitio periodici motus fuit Quarti Iovialis Erronis, ut qui præ reliquis maxime à Iove elongatur. Per plures ergo observationes deprehendi tempus dimidiæ revolutionis, id est, inter maximam elongationem orientalem & occidentalem, idque in diebus saltem.

Nam pręcisa esse non poterat, ob tarditatem motus in tali ad Iovem situ; nihilominus ab ijs incipiendum erat, quę erant simpliciora, & facilius observationi patebant: duplicatâ post dimidia periodo, resultabat tota periodus restitutio-

nis

Bewegung beobachten, wenn zwei Monde nahe dem Jupiter zusammenkommen und der eine gerade herannaht, der andere zurückweicht. In dieser Stellung nämlich wandern sie von einer zur anderen Stunde merklich auseinander.

Diese Erscheinung half mir viel bei der Überlegung einer geeigneten Theorie, freilich deshalb, weil sie sich in kreisförmigem Gang um den Jupiter bewegen. Es ist nämlich dies die Eigenschaft einer kreisförmigen Bewegung, daß die Körper nahe der Linie, die durch das Zentrum hindurchgeht, am schnellsten bei der Linie aber, die den Kreis berührt, aber am langsamsten, sind und gleichsam stillstehen. So wird es später in der Darstellung meiner Theorie gezeigt und auch sonst in den allgemein bekannten astronomischen Büchern dargelegt.

Das vierte Phänomen

Dieses Werk, diese Arbeit! Wenn ich mir nämlich nicht über das zweite und dritte Phänomen ganz sicher gewesen wäre, hätte ich niemals die Zeiten der periodischen Umläufe ermitteln können.

Auf keine Weise hätte ich nämlich Kenntnis über die periodischen Umkreisungen erlangen können, wenn mir nicht der Zeitpunkt der größten Entfernung vom Jupiter so gut es geht bekannt gewesen wäre. So war die erste Untersuchung der periodischen Bewegung die des Umlaufs des vierten um den Jupiter herumschweifenden Mondes, da dieser sich im Verhältnis zu den anderen am meisten vom Jupiter entfernt. In mehreren Beobachtungen ermittelte ich also die Zeit eines halben Umlaufes – das ist zwischen der größten westlichen und östlichen Entfernung –, und zwar zumindest in Tagen.

Denn wegen der Langsamkeit der Bewegung in einer solchen Stellung zum Jupiter konnte die Beobachtung nicht genau sein. Nichtsdestoweniger mußte ich damit beginnen, was einfacher war und leichter der Beobachtung offenstand. Nach Verdoppeln der halben Periode ergab sich eine ganze Umlaufdauer des vierten Jupiterbegleiters – näm-

nis motus Quarti Iovialis, videlicet Saturni Iovialis, vel Calistus, quod tempus intra ſpacium ſeptem vel octo menſium, adinveni dierũ quaſi 17. Interim etiam dum hęc inquiro, ecce Tertius etiam ſe prodit, & luminis ſui majeſtate, & eoipſo, quod interdum ſimul cum Quarto ſtationarius quaſi cernebatur, hic quidem in diſtantia 13. ille vero octo minutorum: Quod cum aliquoties accideret, in Tertij etiam inveſtigationem periodicæ reſtitutionis devenire incepi, quam etiam poſt integrum annum, id eſt, circa finem Anni 1610. nactus ſum, videlicet curſum ſuum in propriâ orbitâ circa Iovem abſolvere ſpacio 7. dierum. Dumque his rebus exerceor, paulatim in Quarti pręciſiorem motus ad ſua initia recurſum deſcendo, ita quidem ut in Martio Anni 1611. crediderim tempus periodicum comprehendere ultra dies 16. etiam horas 18. Tertij vero putabam tunc dierum 7. horarum 3. & minutorum 53. Quæ tempora licet exacta non fuerunt, me tamen plurimum juvarunt in inquirendo & enucleando tempore revolutionis Secundi Iovialis, quem etiam interim deprehenderam non ultra quinque minuta à Iove utrinq; excurrere, idque principaliter factum fuit, quando omnes quatuor ſimul cernebantur, & Quartus cum Tertio in maxima elongatione verſabatur. Hac ratione, ut paucis me abſolvam, hactenus incredibili exantlato labore, in cognitionem omnium Quatuor Iovialium Planetarum, temporum periodicorum, DEO felicem, uti ſpero, ſucceſſum largiente, perveni, qualia quidem ad pręſens uſque tempus obſervationibus diligentioribus ſatisfacere ſcio. De ſequentibus annis ſequentes etiam obſervationes teſtabuntur. Non ego jam abſolutam certitudinem promitto, fundamenta jeci totius hujus negocij non inutilia diligenti horum ſiderum obſervatori, quibus facilime defectus addi, exceſſus vero reſcindi in poſterum, ſi quis erit, poterit.

C 2 Neceſſe

lich des „Jupitersaturns“ oder Calistus – von etwa 17 Tagen; diese Zeit fand ich während eines Zeitraumes von sieben oder acht Monaten heraus. Und siehe da, während ich dies noch erforschte, trat auch der dritte deutlich hervor sowohl durch den hellen Glanz seines Lichtes als auch eben dadurch, daß er zuweilen zusammen mit dem vierten gleichsam stillstehend erschien; er stand in einer Entfernung von 13, jener aber von 8 Winkelminuten. Weil sich dies einige Male ereignete, gelangte ich bald sogar zur Erforschung des periodischen Umlaufs des dritten, was ich auch nach einem ganzen Jahr, also gegen Ende des Jahres 1610, erreicht habe; ich fand nämlich heraus, daß er seinen Lauf auf eigener Bahn um den Jupiter innerhalb eines Zeitraumes von sieben Tagen vollendet. Und während ich mich noch mit diesen Dingen beschäftige, gelange ich allmählich zu einer genaueren Angabe der Laufzeit des vierten zu seinem Ausgangspunkt; im März des Jahres 1611 glaubte ich, daß die Zeit der Periode über 16 Tage hinaus noch 18 Stunden betrage. Die des dritten aber schätzte ich damals auf sieben Tage, drei Stunden und 53 Minuten. Diese Zeiten halfen mir – obwohl nicht genau – dennoch beim Erörtern und Herausfinden der Umlaufzeit des zweiten Jupitertrabanten. Von ihm hatte ich inzwischen auch bemerkt, daß er nicht mehr als fünf Minuten auf beiden Seiten vom Jupiter abschweift. Dies war hauptsächlich dann geschehen, wenn alle vier gleichzeitig erschienen waren und sich der vierte wie auch der dritte in der größten Elongation aufhielten. Bis zu diesem Zeitpunkt hatte ich unglaubliche Mühen ertragen; und so gelangte ich – um mich kurz zu fassen – in die Kenntnis aller vier Jupitertrabanten und der Zeiten der periodischen Umläufe, soweit ich sie jedenfalls zum jetzigen Zeitpunkt durch sorgfältigste Beobachtungen befriedigend anzugeben weiß. Gott hat dabei, wie ich ich hoffe, mir den guten Erfolg geschenkt. Von den kommenden Jahren werden noch folgende Beobachtungen zeugen. Ich verspreche noch nicht völlige Gewißheit, sondern habe für den sorgfältigen Beobachter dieser Sterne für diese Aufgabe recht nützliche Grundlagen gelegt, denen man in Zukunft leicht Fehlendes hinzugeben, Überflüssiges aber wegnehmen kann, wenn dies nötig ist.

Necesse enim est quam plures observationes habere, satisque longo intervallo inter sese distantes, præcipue autem tales, in quibus est eadem habitudo Iovis ad Solem & terram: Causa in sequentibus ostendetur.

Non autem sufficiebant maximæ elongationes ad indagationem temporis periodici, sed adhibui post etiam observationes, quæ prope Iovem accidebant, ubi celerior & incitatior est motus horum planetarum secundariorum. Quantos autem labores sustinuerim, nolo dicere, sed illi soli constare puto, qui simili in negocio aliquando periculum fecit. Itaque plura de hoc phænomeno addere supervacaneum duco.

DE QUINTO.

DEprehenso tempore periodico & termino utroque maximæ elongationis à Iove, ut in præcedentibus est indicatum, supputavi tabulas tum medij motus circa Iovem, tum etiam distantias utrinque à Iove, credidique hæc omnia recte se habere, cæpique, quod dici solet, triumphare ante victoriam, ut ex sequentibus candido lectori patebit.

Constitui etiam Epochas mediorum motuum ad initium anni 1610. ad mediam noctem, præcedentem primum diem Ianuarij, juxta Calendarium Iulianum, quia videlicet unica saltem observatio horum siderum in præcedenti anno à me annotata erat, nimirum 29. Decembris. Interim etiam prodierat in lucem sidereus Nuncius Galilæi, qui mense Iunio ejusdem anni primum in manus meas devenit: Incepi ex tabulis recens compositis calculum subducere, & conferre cum meis & Galilæi observationibus. Dum autem accuratius calculum cum observationibus confero, deprehendo quibusdam

Man muß nämlich möglichst viele Beobachtungen haben, die untereinander einen genügend großen Zeitraum auseinanderliegen; vor allem aber muß dieselbe Konstellation des Jupiter zu Sonne und Erde vorherrschen. Der Grund wird im folgenden gezeigt werden.

Das fünfte Phänomen

Nachdem ich, wie im Vorhergehenden gezeigt, die Umlaufzeit und den Punkt der größten Elongation auf beiden Seiten herausgefunden hatte, berechnete ich bald die Tabellen der durchschnittlichen Umlaufzeit um den Jupiter, bald sogar die Entfernungen vom Jupiter auf beiden Seiten, und ich glaubte, daß dies alles richtig sei, und fing an, wie man so sagt, vor dem Sieg zu triumphieren, wie es dem klugen Leser aus dem Folgenden ersichtlich sein wird.

Ich legte auch die Festpunkte der mittleren Bewegung zu Anfang des Jahres 1610 fest, um Mitternacht, die – nach dem Julianischen Kalender – dem ersten Januar vorausgeht; ich hatte nämlich nur eine einzige Beobachtung dieser Gestirne im vorherigen Jahr notiert, nämlich die vom 29. Dezember. Inzwischen aber war der *Sternenbote* Galileis ans Licht der Öffentlichkeit gekommen, der im Monat Juni desselben Jahres zum ersten Mal in meine Hände geriet. Ich begann, aus den kürzlich zusammengestellten Tabellen eine Rechnung anzustellen und sie mit meinen und Galileis Beobachtungen zu vergleichen. Während ich aber die Rechnung genauer mit den Beobachtungen vergleiche, bemerke

quibusdam in locis, ijsque satis longo intervallo invicem distantibus, calculum satis exactè congruere, quibusdam vero ab ijs exorbitare, differentia satis perceptibili. Quæ res me valde turbavit, ita quidem ut fere animum desponderim, atque de invenienda hypothesi conveniente desperarim. Nam tunc temporis adhuc opinabar hos Ioviales motus sui æqualitate terram respicere. Tandem examinavi observationes circa oppositionem Iovis & Solis, & ad illas accommodavi Epochas: Paulatim enim mihi suboriebatur dubitatio, de habitudine horum siderum. Ideo etiam in consilium adhibui observationes circa quadraturas Iovis & Solis, & mox deprehendi manifestam differentiam, nimirum quantum in una abundabat, tantum in altera deficiebat calculus ab observatis. Resumpto itaque animo de causa cogitare cæpi, & sine magno labore adinveni rationem hujus phænomeni. Ex Copernico postmodum petivi proportionem orbis Magni ad orbem Iovis, quem inveni talem, nempe qualis 11. ad 60. circiter. Primam enim inæqualitatem, quæ ab Eccentrico existit omnino neglexi, ut quæ meâ quidem sententiâ, in hoc negocio imperceptibilis esset. Eccentricitatem etiã Solis hîc quasi evanescere aut inobservabilem existere putavi. Habitâ ergo dictâ proportione, supputavi tabulam æquationum, prout inferius modum, quo usus fui, ostensurus sum. Occasionem autem hujus inventi mihi præbuit mea de systemate mundano opinio, quæ in genere cum Tychonis consentit, in quam incidi hyeme, quæ erat inter annum 1595. & 1596. quando primum legi Copernicum, quo tempore adhuc eram in schola Sacrifontana, & ne nomen quidem Tychonis, multo minus hypothesis ipsius mihi cognita erat; quam tandem sequenti anno in Autumno delineatam vidi apud Reverendum & Doctissimum virum M. Franciscum Raphaelem, Ecclesiæ Onoldinæ Pastorem, nunc in Christo quiescentem, quæ delineatio

ich, daß an bestimmten Stellen, die einen genügend langen Zwischenraum voneinander entfernt sind, die Berechnung recht genau übereinstimmt, daß sie aber an manchen Stellen um einen hinreichend wahrnehmbaren Unterschied von ihnen abweicht. Diese Tatsache verwirrte mich sehr, sogar so, daß ich fast den Verstand verlor und die Hoffnung aufgab, eine geeignete Theorie zu finden. Denn zur damaligen Zeit meinte ich noch, daß diese Jupitertrabanten in der Gleichförmigkeit ihrer Bewegung die Erde als Zentrum betrachten. Endlich prüfte ich die Beobachtungen bei Erreichen der Opposition von Jupiter und Sonne, und an diese paßte ich die Epochen an. Allmählich kam nämlich bei mir Zweifel über die Stellung dieser Gestirne auf. Deshalb zog ich auch die Beobachtungen, bei denen Jupiter im Quadrat zur Sonne stand, hinzu, und bald erkannte ich einen merklichen Unterschied: Wieviel nämlich der berechnete Wert an einer Stelle – verglichen mit dem beobachteten – zuviel war, soviel war er an einer anderen zu wenig. Ich faßte also wieder Mut und begann, über die Ursachen nachzudenken, und ohne viel Mühe fand ich den Grund dieses Phänomens.

Von Kopernikus nahm ich bald darauf das Verhältnis der Umlaufbahn der Erde zum Umlauf des Jupiter, das ich ungefähr wie 11 zu 60 fand. Die erste Ungleichmäßigkeit nämlich, die sich aus der Exzentrizität ergibt, habe ich gänzlich unberücksichtigt gelassen, weil sie ja – meiner Ansicht nach jedenfalls – bei dieser Sache nicht wahrnehmbar wäre. Ich glaubte gar, daß die Exzentrizität der Sonne hier gleichsam verschwindet oder zumindest nicht mehr zu beobachten ist. Nachdem ich also das besagte Verhältnis erhalten hatte, berechnete ich eine Ausgleichstabelle; weiter unten werde ich zeigen, wie ich vorgegangen bin. Die Möglichkeit aber, dies zu finden, bot mir meine Meinung über das Weltensystem, welche in ihrer Art mit der des Tycho übereinstimmt. Auf diese stieß ich im Winter zwischen den Jahren 1595 und 1596, als ich zum ersten Mal Kopernikus las. Zu dieser Zeit war ich noch in der Schule zu Heilsbronn und mir war noch nicht einmal der Name Tychos, um so weniger seine Annahme bekannt. Diese sah ich endlich als Skizze im Herbst des folgenden Jahres bei dem verehrungswürdigen und hochgelehrten Markus Franziskus Raffael, einem Pastor der Gemeinde Ansbach, der jetzt

neatio ipsi à quodã studioso Witebergâ transmissa fuerat. Testes hujus mei invẽti complures habeo: Preter enim modo dictum Eruditissimum virum, omnes etiam tũc temporis Consistorij illustris Assessores quib. post festum paschatis añi 1596. hypotheses meas cum explicatione præsentavi, quorum etã cõsilio, ab Illustriss. Principe Georgio Friderico March. Brandenburgense laudatissimæ memoriæ, peculiaris habitatio in supradicto monasterio mihi concessa est, ut eò commodius hoc studium tractare possem. Insuper Præceptores meos charissimos testor, qui quod ob alias lectiones ipsis non licebat, me tamen libris plurimum in hoc studio juvarunt, quales erant hi, nimirum M. Wenceslaus Gunkfelderus, M. Georgius Hirschbauerus, & Dñs Iohannes Neserus; quorum nomina, quia fatis jam concesśêre, honoris & gratitudinis ergo asscribere debui & volui, quia de me non saltem in hac parte, sed etiam in alijs quam plurimis, optimè meriti sunt.

Taceo nunc Charissimum Fratrem meum Iacobum, pię memoriæ, cui etiam optime de meo studio Astronomico constabat.

Inter alios autem non postremum locum occupat doctissimus & multæ lectionis vir, Dñs Augustinus Lanius, nunc Halæ Saxonum privatam vitam vivens, qui eo tempore organędum Heilsbronnæ agebat, & propter habitationes vicinas & amicitiam dudum inter nos initam, fere perpetuus mearum actionum inspector erat. Hæc non ullius gloriæ captandæ gratia hîc appono, sed ob malevolorum quorumdam inprimis autem unius cujusdam ineptas & partim impias cavillationes, quem, licet aliter proposueram, ulla refutatione omnino indignum judico, ne scilicet per me alijs viris honestis nomen illius innotescat. Sed redeo ad propositum.

(*)

DE

ruht in Christus. Diese Skizze war selbigem von einem Studenten aus Wittenberg übersandt worden. Als Zeugen dafür, daß dies von mir herausgefunden worden ist, habe ich mehr als einen: Nämlich außer dem eben genannten, überaus gelehrten Mann sogar alle damaligen Mitglieder des berühmten Konsistoriums, denen ich nach dem Osterfest des Jahres 1596 meine Vermutungen mit Erklärung darbot; und auf deren Rat hat mir sogar der überaus berühmte Markgraf Georg Friedrich vom Markgrafentum Brandenburg – Ehre seinem Andenken! – eine besondere Wohnung im oben genannten Kloster zugestanden, damit ich diese Studien um so besser betreiben könne.

Darüber hinaus nenne ich als Gewährsleute meine werten Lehrer; sie haben mir, weil wegen anderer Vorlesungen es ihnen persönlich nicht möglich war, bei dieser wissenschaftlichen Arbeit dennoch mehr als alle anderen durch Bücher geholfen. Dies waren folgende: Nämlich Markus Wenzeslaus Gunkfelder, Markus Georg Hirschbauer und Herr Johannes Neser. Ihren Namen mußte und wollte ich nun Ehre und Dankbarkeit zollen, weil sie schon verstorben sind und sich um mich nicht nur in diesem Teilgebiet, sondern sogar in ziemlich vielen anderen Bereichen verdient gemacht haben.

Ich will gar nicht von meinem treuen Bruder Jakob reden, in frommer Erinnerung, der sogar bestens über meine astronomische Arbeit Bescheid wußte. Unter den anderen aber nimmt Augustinus Lanius, ein überaus gelehrter und belesener Mann, der nun in Halle in Sachsen als Privatmann lebt, nicht den letzten Platz ein. Er arbeitete zu jener Zeit als Organist in Heilsbronn und da wir Nachbarn und längst gute Freunde waren, hatte er fast ständig in meine Tätigkeit Einsicht. Dies füge ich nicht hier hinzu, um irgendwelchen Ruhm zu erheischen, sondern wegen der dummen und teils ruchlosen Angriffe gewisser mir übelwollender Leute, besonders aber eines bestimmten Mannes, den ich – obgleich ich es anders vorhatte – jeder Erwiderung für gänzlich unwürdig halte; ich will es nämlich nicht sein, der den Namen dieses Kerls anderen ehrenhaften Männern bekannt macht. Aber ich kehre zurück zu meinem Thema.

DE SEXTO.

HOc quoque phęnomenon manifeste in oculos incurrebat, præcipue autem in conjunctione duorum Iovialium, quorum alter erat in accessu, alter in discessu à Iove. Nam quando duo ex his conjunguntur prope Iovem, & utrique sunt eiusdem affectionis, nimirum discedentes vel accedentes ad Iovem, adeo vicini inter se sunt, ut sese quasi tangant, & pro uno valde lucido agnoscantur.

Inprimis autem hoc constabat ex conjunctione Quarti & Tertij, quando Tertius versabatur in maxima elongatione, & omni latitudine destituebatur, prout inferius in explicatione Theoriæ exemplis & observationibus demonstrabitur. Tarde admodum in cognitionem hujus phænomeni veni, quia Tertij & Quarti conjunctio, non modo rarior esse solet, Tertio, ut dixi, in maxima distantia constituto, sed etiam quia cœlum nubilosum interdum ejusmodi observationem impedit. Prope Iovem licet exactior sit hujus rei observatio, tamen mihi per meum instrumentum difficilior erat, causa in præfatione est indicata.

Postquam vero mihi etiam de hoc phænomeno constaret, nimirum hos Ioviales non semper in linea recta ducta per Iovem Eccliptica parallela versari, sed modo in boream, modo in austrum ab hac deflectere, differentia perceptibili, cępi etiam in hoc phęnomenon diligentius inquirere, tandemque deprehendi, hos Ioviales in maxima elongatione semper in prædicta linea perallela offendi: extra vero hos terminos semper ab hac declinare, & in superiore quidem parte suæ orbitæ australes esse, in inferiore vero boreales, maximamq; hanc inclinationem esse prope Iovem. Quanta autem uniuscujusq; maxima sit, instrumēto meo dimetiri nō potui,

quia

Das sechste Phänomen

Auch dieses Phänomen fiel deutlich in die Augen, besonders aber bei der Konjunktion zweier Jupitertrabanten, von denen einer sich dem Jupiter gerade näherte, der andere sich vom Jupiter entfernte. Wenn zwei von diesen nahe beim Jupiter in Konjunktion treten und beide dieselbe Konstellation haben, nämlich sich vom Jupiter entfernen oder sich auf den Jupiter hinzubewegen, sind sie einander so nahe, daß sie sich gleichsam berühren und sie als ein einziger sehr heller Stern wahrgenommen werden.

In erster Linie war dies aber aus der Konjunktion des dritten und vierten bekannt, wenn sich der Dritte in der größten Elongation befand und keinerlei Bewegung zur Seite aufwies, wie ich später in der Erklärung der Theorie durch Beispiele und Beobachtungen zeigen werde. Nur äußerst langsam gelangte ich zum Verständnis dieses Phänomens, da die Konjunktion des dritten und vierten nicht nur recht selten zu sein pflegt, wobei, wie ich gesagt habe, sich der dritte im größten Abstand befindet, sondern auch deshalb, weil ein wolkenbedeckter Himmel manchmal eine derartige Beobachtung behindert.

Wenn auch die Beobachtung nahe beim Jupiter ziemlich genau ist, war sie doch für mich wegen meines mangelhaften Instrumentes dennoch recht schwierig; den Grund hierfür habe ich in der Einleitung angegeben.

Nun war ich mir auch über dieses Phänomen im klaren, nämlich daß sich diese Jupitertrabanten nicht immer auf einer geraden, durch den Jupiter und parallel zur Ekliptik verlaufenden Linie befinden, sondern bald nach Norden, bald nach Süden hin von dieser Bahn abweichen, wobei die Abweichung stets so groß ist, daß man sie wahrnehmen kann. Darauf begann ich, auch dieses Phänomen genauer zu erforschen; schließlich entdeckte ich, daß diese Jupitertrabanten bei der größten Elongation stets auf einer vorhergesagten parallelen Bahn zu finden sind. Aber außerhalb dieser Elongationspunkte weichen sie stets von dieser Bahn ab, und zwar so, daß sie in der ersten Hälfte ihrer Bahn südlich davon, in der zweiten Hälfte aber nördlich davon sind und daß diese Neigung nahe beim Jupiter am größten ist. Wie groß aber die größte Neigung jedes einzelnen ist, habe ich mit meinem Instrument nicht messen können, weil es nur Sekunden sind; ich will aber nicht behaupten, ich

quia ſaltem ſecunda minuta ſunt, ego vero me ſecundorum obſervatorem non profitear. Hoc tamen notavi, nullum ex his planetis tantam admiſiſſe declinationem à dictâ parallelâ, ut ſupra vel infra Iovem, in conjunctione cum Iove tranſire viderim. Major etiam eſt latitudo Quarti, quam Tertij, & Tertij quam reliquorum duorum. Probabili tamen conjectura ex cõiunctione prædicta Quarti & Tertij, ſtatuo Quarti maximam latitudinem eſſe 15. ſecundorum. Tertij 12. Secundi & Primi 10. Ex hoc fundamento ſupputavi tabulam latitudinis horum Iovialium ſiderum, ex qua cum ſimplici motu planetæ, additis 90. gradibus, latitudo cujuſlibet facili negocio depromi poteſt, prout inferius in tabularum uſu clarè docebitur.

DE SEPTIMO.

HOc phęnomenon non tantum me, ſed etiam, uti ex ſidereo Nuncio apparet, Galilæum multum exercuit. Fateor hoc ego ſub initium obſervationum mearum, præcipue autem anno primo 1610. aliquoties Quartum me non annotaſſe nec etiam vidiſſe, cum in maxima inprimis elongatione verſabatur, quia videlicet adeo exilis fuit, ut difficilius cerni potuerit.

Cauſam, propter quam aliàs majores, aliàs minores appareant ſidera hęc Iovialia, allatam probabiliter à Galilæo, non ſatisfacere huic phænomeno, mox dicam. Infert enim ille; Corpus lunare ambire orbem quendam vaporoſum, & denſiorem reliquo æthere, prout etiam terram ſimilis quidam orbis circumſtat. Atque hoc pro confirmato habet, ideoque non abſimile videri, ſi eiuſmodi etiam orbem vaporoſum circa corpus Iovis collocari opinetur. Atque hujus objectu, quando apagei ſunt minores appareant, perigei vero,

könnte auch Sekunden messen. Dennoch habe ich dies festgestellt, daß keiner von diesen Planeten so sehr von der genannten Parallele abgewichen ist, daß ich sie bei Konjunktion mit dem Jupiter oberhalb oder unterhalb des Jupiter vorbeiziehen gesehen hätte. Auch ist die Breite des vierten größer als die des dritten und die des dritten größer als die der übrigen zwei. Dennoch stelle ich mit einer einleuchtenden Vermutung aus der vorher genannten Konjunktion des vierten und dritten fest, daß die größte Breite des vierten fünfzehn Sekunden beträgt, die des dritten zwölf und die des zweiten und ersten zehn. Auf dieser Grundlage habe ich die Tabellen über die Breite dieser Jupitergestirne errechnet, aus welcher man mit Hilfe der einfachen Bewegung des Planeten, wenn man neunzig Grad hinzuzählt, die Breite jedes beliebigen ohne Mühe entnehmen kann; dies lege ich später beim Gebrauch derTabellen deutlich dar.

Das siebte Phänomen

Dieses Phänomen hat nicht nur mich, sondern, wie es aus dem *„Nuncius Sidereus“* ersichtlich ist, auch den Galilei sehr beschäftigt. Ich gestehe, daß ich zu Beginn meiner Beobachtungen, besonders aber im ersten Jahr, 1610, mehrmals den vierten nicht vermerkt und auch nicht gesehen habe, besonders wenn er sich in der größten Elongation befand, weil er eben gar so klein war, daß man ihn nur sehr schwer sehen konnte.

Bald werde ich darlegen, daß der von Galilei als plausibel angeführte Grund, weswegen diese Jupitergestirne bald größer, bald kleiner erscheinen, diesem Phänomen nicht gerecht wird. Denn Galilei meint, daß eine Art von dunstiger Hülle, die dichter als die übrige Luft ist, den mondartigen Himmelskörper umgibt, eine ähnliche Luftschicht, wie sie auch die Erde umgibt. Galilei hält dies für erwiesen und deswegen habe er auch durchaus Grund für die Annahme, daß eine derartige dunstige Luftschicht auch um den Körper des Jupiter liege. Dadurch, daß sie sich dazwischenschiebe, erschienen die Monde kleiner, wenn sie erdfern

vero, per ablationem orbis ſeu attenuationem majores. Verum hæc locum habere non poſſe ſic demonſtro: Si enim vera eſſet hęc ratio, tunc ſolum & ſemper hęc quantitatis viſibilis imminutio his Iovialibus accideret, quando apogei ſunt, id eſt, in maxima à terris elongatione: Extra vero hunc ſitum æquali magnitudine ſemper cerneretur, quod utrumq; falſum eſt. Obſervationes enim teſtantur non ſolum in hoc ſitu, ſed etiam in maxima à Iove diſtantia contingere idem, præcipue autem in Quarto: Si itaq; dicta viſibilis quantitatis imminutio ab orbe illo vaporoſo exiſteret, tunc neceſſario ſequeretur, quod talis orbis ultra maximam Quarti à Iove diſtantiam extenderetur; Siq; ille in tali remotione potis eſſet ſua craſſitiè lumen Quarti adeo extenuare, ut vix cerni queat, certè pro ratione craſſitiei ejuſmodi orbis prope Iovem Quartus ἀπόγειος prope Iovem nunquam videretur, quod eſt contra proprias obſervationes meas, quę teſtantur, Quartũ ſępiſſime prope Iovẽ à me viſum & obſervatum, licet diſſimili quantitate apparente. Itaq; remoto à Iove orbe vaporoſo longe alia cauſa hujus phęnomeni quærẽda eſt: Quin id quod Galilæus pro cõfirmato & conceſſo habet de orbe vaporoſo circa lunã exiſtente, ego quoq; nego. Nam ex eo tempore, quo utor hoc inſtrumento, nunquã ullam partem diſci lunæ obſcuriorem reliquâ vidi, prętęrquam quæ inibi ſemper eodem modo cernuntur, nullâ unquam varietate deprehensâ, quam quæ ab aëris terram ambientis qualitate exiſtit, nec etiam ullæ maculæ mobiles in luna vidi, quales in Sole cernuntur.

Quod autem in circumferentia extrema Lunæ nulli hiatus, aut inæqualitates videntur, id non per omnia verum eſt, licet communiter ſic appareat. Vidi ego non rarò, cœlo vel aëre ſereniſſimo & puriſſimo exiſtente, in ſuperiore & boreali ſicut etiam in auſtrali parte Lunæ creſcentis aliquos anfractus & hiatus, licet valde anguſtos, ita ut nõ niſi potuerint

D diligen-

seien, und größer, wenn sie erdnah seien; dann sei die Luftschicht nämlich dünner. Aber ich zeige folgendermaßen, daß diese Annahmen nicht sinnvoll sein können: Denn wenn diese Erwägung wahr wäre, dann würde diesen Jupitertrabanten diese erkennbare Schmälerung der Größe nur und stets dann zuteil, wenn sie erdfern sind, und zwar bei der größten Entfernung von der Erde; aber außerhalb dieser Stellung würden sie stets mit der gleichen Größe wahrgenommen, was beides falsch ist. Denn die Beobachtungen beweisen, daß nicht nur in dieser Stellung, sondern auch beim größten Abstand vom Jupiter dasselbe geschieht, besonders aber beim vierten. Falls daher die erwähnte sichtbare Schmälerung der Größe eines Mondes durch jene dunstige Luftschicht verursacht würde, dann folgte notwendigerweise, daß sich eine derartige Luftschicht über den größten Abstand des vierten Trabanten vom Jupiter hinaus ausdehnen müßte. Und wenn diese Luftschicht in einer so großen Entfernung durch ihre Dichte das Licht des vierten so sehr herabsetzen könnte, daß man es kaum wahrnehmen würde, könnte man gewiß aufgrund der Dichte einer derartigen Luftschicht in Jupiternähe den vierten Mond niemals nahe beim Jupiter in Erdferne sehen. Das widerspricht aber meinen Beobachtungen, welche beweisen, daß ich den vierten sehr oft nahe beim Jupiter gesehen und beobachtet habe, und zwar mit offensichtlich unterschiedlicher Größe. Daher muß ein ganz anderer Grund für dieses Phänomen als eine dunstige Luftschicht um den Jupiter gesucht werden. Ich weise auch das zurück, was Galilei von einer um den Mond herum existierenden Luftschicht für bestätigt und anerkannt hält. Denn seit ich mich dieses Instrumentes bediene, habe ich niemals gesehen, daß ein Teil der Mondscheibe dunkler als der Rest war, ausgenommen der Teile, die dort stets als dunkle Stellen erscheinen; dabei ist aber niemals eine unterschiedlichere Helligkeit entdeckt worden als die, welche aufgrund der Beschaffenheit der die Erde umgebenden Luft zustande kommt. Auch habe ich keine beweglichen Flecken auf dem Mond gesehen, wie man sie auf der Sonne beobachtet.

Daß aber am äußersten Rand der Mondoberfläche keine Kluften oder Ungleichheiten erscheinen, dies ist nicht für alle Fälle wahr, wenn es auch gewöhnlich so erscheint. Auch habe ich nicht selten, wenn der Himmel oder die Luft sehr heiter und klar war, im oberen und nördlichen sowie auch im südlichen Teil des zunehmenden Mondes irgendwelche Brüche und Kluften gesehen; sie waren freilich sehr schmal, so daß man sie nur mit größter Sorgfalt und Aufmerksamkeit sehen konnte.

diligentissime attendente observari. Item in parte circumferentiæ Lunæ occidentali, paulo supra medietatem, cernitur manifeste hiatus ad latitudinem digiti transversalis. Vidit etiam Keplerus ejusmodi hiatus in circumferentia Lunæ in Ecclipsi Solari, vel in disco Solis, anno 1612. in Majo, uti constat ex literis ad me datis. Cur autem plerunque integer circulus, vel circuli pars, ubi Luna dividua est, absq; illis anfractibus & tumoribus apparet, causam eam veram puto, quam Galilæus pagina 21. recenset, alteram autem plane improbo, ut etiam antea dictum est. Nec mihi obstat phænomenon Eclipsis Solaris Anni 1567. de qua Keplerus multus est in opticis. Non nego tamen interim, aliquando à terra & mari, paulatim & à propria terrę vi & ab astris excitatâ halitus expelli, qui in altissimum aërem sublati, longo tempore durant, usque dum ob altissimi aëris, auræ athereę confinis subtilitatem repercussi, & densiores redditi, ad terram redeant, unde copiosæ pluviæ exoriuntur; id quod plerumq; post longam & continuam siccitatem accidere solet.

Genuinam igitur & veram causam incrementi & decrementi quantitatis apparentis horum siderum hanc esse censeo; videlicet quod illuminentur à Sole eo modo, quo luna, ♀ ☿ ♂ ♄ & Iupiter ipse, & medietas obversa Soli semper lucida sit, altera aversa obscura, & quod corpus Iovis umbram proijciat. Iudico etiam quatuor sidera Brandenburgica imitari plane Lunam, & duplici modo illuminari, & à Sole & à vicino Iove: quin & subtilitate & nobilitate materiæ inter se differre, & superficie omnium politissima & materiæ, nobilitate cæteris antecellere Tertium, ut qui fortissime radios solares exceptos repercutiat, præsertim quando in inferiore parte suæ orbitæ prope limites extremos versatur. Quartum autem ex obscuriore materia, & superficie non ita polita constare puto, indeque fieri, ut radios solares non

Desgleichen sieht man auch am westlichen Rand der Mondoberfläche, ein wenig oberhalb der Mitte, ganz deutlich eine querlaufende Kluft von Fingerbreite. Auch Kepler hat derartige Kluften am Rand des Mondes bei einer Sonnenfinsternis gesehen – ja sogar auch auf der Sonnenscheibe, im Mai 1612 –, wie es aus den an mich gerichteten Briefen bekannt ist. Meistens aber erscheint der volle Kreis oder ein Teil des Kreises, wenn der Mond nicht voll ist, ohne jene Krümmungen und Anschwellungen. Ich halte diejenige Erklärung dafür für richtig, die Galilei auf Seite 21 aufführt; die andere verwerfe ich aber völlig, wie schon vorher gesagt. Auch das Phänomen der Sonnenfinsternis des Jahres 1567, über welches Kepler viel in seinen *Optica* schreibt, widerspricht meiner Ansicht nicht.

Bei alledem leugne ich dennoch nicht, daß irgendwann Dünste vom Land und vom Meer nach und nach ausgestoßen werden, sowohl von der Erde eigener Kraft, als auch von den Gestirnen hervorgerufen; diese Dünste überdauern, wenn sie in sehr hohe Luft emporgestiegen sind, lange Zeit, bis sie, durch die Feinheit der obersten Luft, die der Luft des Äthers benachbart ist, zurückgeworfen und dichter geworden, zur Erde zurückkehren, woraus sich reichliche Regen ergeben; dies pflegt meist nach einer langen und fortdauernden Trockenheit zu geschehen.

Daher meine ich, daß folgender Grund für das Zunehmen und Abnehmen der Größe dieser Gestirne der echte und wahre ist. Es ist offensichtlich, daß diese von der Sonne auf dieselbe Art erleuchtet werden, wie der Mond, die Venus, der Merkur, der Mars, der Saturn und der Jupiter selbst, und daß die der Sonne zugewandte Hälfte stets leuchtend hell, die andere abgewandte Hälfte dunkel ist, und daß der Körper des Jupiter einen Schatten wirft. Auch glaube ich, daß die vier Brandenburgischen Gestirne dem Mond völlig ähneln und auf zweifache Art erhellt werden, nämlich sowohl von der Sonne als auch vom benachbarten Jupiter; sie unterscheiden sich untereinander freilich sowohl durch die Feinheit als auch den Glanz der Materie; der dritte übertrifft die übrigen sowohl durch die glatteste Oberfläche als auch durch den Glanz der Materie; so reflektiert dieser die ihn treffenden Sonnenstrahlen am stärksten, besonders, wenn er sich im unteren Teil seiner Bahn nahe den äußersten Punkten befindet. Ich aber glaube, daß der vierte aus dunklerer Materie und aus einer nicht so glatten Oberfläche besteht und daß er deshalb die Sonnenstrahlen nicht so stark reflektieren kann. Ähnliches

non tam fortiter repercutere valeat. Simile videre eſt in Venere, quę dum falcata eſt, nihilominus fortiſſime radios Solares ob materię nobilitatẽ & ſuperficiem politiſſimã repercutit, quod nullatenus in Saturno fit. Quod autem dicta ſidera Iovialia interdum majora, interdum minora apparent, cauſa eſt diverſa poſitio ad Solem, Iovem & terram. Veriſimile eſt enim idem accidere his Iovialibus planetis cum Iove, quod terræ cum Luna. Inventum enim eſt Mæſtlini Lunam illuminari à terra in parte obſcurâ, prout conſtat ex opticis Kepleri. Itaque Iovịales hi errones duplici modo irradiantur, & à Sole & à Iove. Iovis autem ejaculatio aſcititij luminis ad ſuos ſatellites imbecillis admodum eſt, tum quod Iupiter minor exiſtat quam terra, tum vero maxime quod Iupiter longe remotior ſit à Sole, quam terra, ut cujus diſtantia ſexies vel quinquies quaſi ſuperat diſtantiam terræ & Solis, ideoque etiam lumen Solis minus efficaciter tum ipſi Iovi tum etiam planetis Iovialibus communicatur, & abijs repercutitur. Quare diverſam hanc quantitatem viſibilem in diverſam habitudinẽ horum ſiderum ad ♃ & ☉ cum terrâ reijciendam eſſe puto, præcipue quando in maxima elongatione à Iove vel circiter verſantur, id quod in Quarto omnium maxime obſervatur. Sunt enim hęc ſidera quaſi quatuor aliæ lunæ, & aſpicienti ex Iove non aliter apparent, quam nobis Luna è terra, hoc ſaltem diſcrimine, quod in qualibet revolutione ſive plenilunio fiat Ecclipſis horum ſiderum, de quo paulo poſt. Quod autem prope Iovem ſimile quid illis accidit, ut non tantum minores appareãt, ſed uti veriſimile apparet, plane obſcurentur vel eclipſentur, vel hinc patet. Corpus Iovis non eſt pellucidũ, uti nec Veneris aut Mercurij: Ideo umbrã proijcit in averſam partem à Sole. Quam longe autem eiuſmodi umbra extendatur, & an omnes quatuor ſemel in una revolutione illã incurran, & Eclipſentur, nec ne, paucis, quàm fieri poteſt, nunc demonſtrabo.

ist bei der Venus zu sehen, welche, solange sie sichelförmig ist, nichtsdestoweniger stark die Sonnenstrahlen aufgrund des Glanzes der Materie und der sehr glatten Oberfläche reflektiert, was keineswegs beim Saturn geschieht. Daß aber die genannten Jupitergestirne bisweilen größer, bisweilen kleiner erscheinen, hat seinen Grund in ihrer unterschiedlichen Stellung zur Sonne, zum Jupiter und zur Erde. Denn es ist wahrscheinlich, daß dasselbe diesen Jupitertrabanten mit dem Jupiter geschieht, was der Erde mit dem Mond geschieht.

Denn es ist die Entdeckung des Mästlin, daß der Mond von der Erde im dunklen Teil erhellt wird, so wie aus den *Optica* Keplers bekannt ist. Daher werden diese Jupitertrabanten auf zweifache Art angestrahlt, sowohl von der Sonne als auch vom Jupiter. Aber die Abstrahlung des aufgenommenen Lichtes durch den Jupiter zu seinen Trabanten ist äußerst schwach, weil zum einen der Jupiter kleiner ist als die Erde, zum anderen aber besonders, weil der Jupiter viel weiter entfernt von der Sonne ist als die Erde; seine Entfernung von der Sonne übertrifft den Abstand zwischen Erde und Sonne um das Sechsfache oder Fünffache und deshalb wird auch das Licht der Sonne weniger wirkungsvoll zum einen dem Jupiter selbst, zum anderen den Jupitertrabanten zuteil und von diesen reflektiert. Deshalb glaube ich, daß diese unterschiedliche sichtbare Größe auf die unterschiedliche Stellung dieser Gestirne zum Jupiter und zur Sonne im Verhältnis zur Erde bezogen werden muß, besonders aber, wenn sie sich in der größten Elongation vom Jupiter oder doch ungefähr dort befinden, was man am stärksten von allen beim vierten beobachtet. Denn diese Gestirne sind gleichsam vier andere Monde und sie erscheinen dem Betrachter vom Jupiter aus nicht anders, als uns von der Erde aus der Mond erscheint, mit dem Unterschied freilich, daß eine Verfinsterung dieser Gestirne bei jeder Umdrehung oder Mondphase entsteht; darüber spreche ich ein wenig später. Daß aber ihnen nahe beim Jupiter etwas ähnliches geschieht, so daß sie nicht nur kleiner erscheinen, sondern, wie es wahrscheinlich ist, völlig verdunkelt oder verfinstert werden, wird aus folgendem klar.

Der Körper des Jupiter ist nicht durchsichtig, genausowenig wie der Körper der Venus oder des Merkur: Deswegen wirft er einen Schatten in die der Sonne abgewandte Richtung. Wie weit ein derartiger Schatten sich aber ausdehnt und ob alle vier einmal bei einer Umdrehung in jenen Schatten hineinlaufen und verfinstert werden oder nicht, werde ich nun mit so wenigen Worten wie möglich darlegen.

Secundum obſervata & inventa Tychonis Brahe ſummi Aſtronomi, comprehendit diameter Solis, diametros terræ 5. cum $\frac{1}{6}$ proxime. Qualium itaque diameter terræ eſt 1718. milliarium germanicorum, uti ab initio præſuppoſui, talium erit diameter Solis 8876. Dimidia itaque diameter ſolis 4438. eorundem. Dixi etiam ab initio diametrum Iovis continere 1000. mil. ger. Preterea aſſumpta eſt diſtantia Iovis & Solis 60. partium, qualium Solis & terræ eſt undecim. Secundum hanc proportionem breviſſime rimabor longitudinem diametri umbræ, ulterius à Iove in averſam partem à Sole extenſæ, videlicet longitudinem lineæ G E.

In appoſito ſchemate ſit ſemidiameter Solis A F, ſemidiameter Iovis C G. diſtantia Solis & Iovis F G. Subtraho ſemidiametrum Iovis C G, 500. millia. german. de ſemidiametro ſolis A F 4438. millia. germ. reſtat A H 3938. Dico nunc: ut ſe habet A H 3938. ad H C vel F G. 60. Ita ſe habet C G 500. ad G E: factâ operatione producuntur in quotiente $7\frac{67}{100}$ vel ut facilior fiat fractio $7\frac{7}{10}$ qualium F G eſt 60. Ut autem pateſcat hæc longitudo etiam in milliaribus germanicis ſic proceditur, dicendo: Undecim partes, id eſt, diſtantia Solis & terræ dant 1150. ſemidiamet. terræ, quot ſemidiametros terræ dabunt $7\frac{7}{10}$ partes modo inventæ. Operatione factâ prodeunt 805. quibus multiplicatis per 859. millia. germ. ſemidiam. terræ, producuntur 691495. mill. germ. nimirum longitudo lineæ G E.

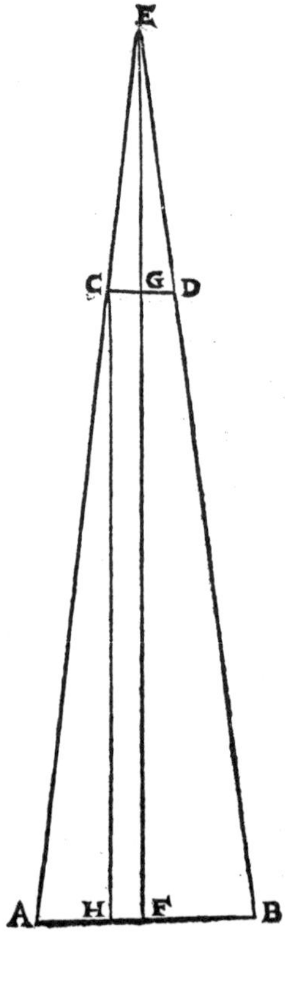

Præ-

Gemäß den Beobachtungen und Entdeckungen des großen Astronomen Tycho Brahe umfaßt der Durchmesser der Sonne ungefähr $5^{1}/_{6}$ Durchmesser der Erde. Wie daher der Durchmesser der Erde 1718 germanische Meilen beträgt – wie ich von Beginn an angenommen habe –, so beträgt der Durchmesser der Sonne 8876 germanische Meilen. Folglich beträgt der halbe Durchmesser der Sonne 4438 derselben Maßeinheiten. Auch habe ich von Beginn an gesagt, daß der Durchmesser des Jupiter 1000 germanische Meilen beträgt. Ferner ist der Abstand zwischen Jupiter und Sonne mit 60 Teilen sowie der Abstand zwischen Sonne und Erde mit 11 Teilen angenommen worden. Gemäß diesem Verhältnis werde ich sogleich die Länge des Durchmessers des Schattens erforschen, der sich jenseits des Jupiter in die von der Sonne abgewandte Richtung ausdehnt, nämlich die Länge der Linie GE.

In der nebenstehenden Figur sei AF der Radius der Sonne, CG der Radius des Jupiter, FG der Abstand zwischen Sonne und Jupiter. Ich ziehe den Radius CG des Jupiter, gleich 500 germanische Meilen, vom Radius AF der Sonne gleich 4438 germanische Meilen ab; übrig bleibt AH gleich 3938. Nun sage ich: Wie sich AH gleich 3938 zu HC oder FG gleich 60 verhält, so verhält sich CG gleich 500 zu GE. Die Rechnung ergibt für den Quotienten $7^{67}/_{100}$ oder, daß der Bruch einfacher wird, $7^{7}/_{10}$, so ist FG 60. Damit aber diese Länge sich auch in germanischen Meilen ergibt, geht man so vor: Man sagt: 11 Teile, dies ist der Abstand zwischen Sonne und Erde, ergeben 1150 Radien der Erde; wie viele Radien der Erde ergeben dann die eben gefundenen $7^{7}/_{10}$? Die Rechnung ergibt 805 Radien der Erde; multipliziert man mit 859 germanischen Meilen, dem Radius der Erde, ergeben sich 691 495 germanische Meilen, nämlich die Länge der Linie GE.

Præſuppoſita eſt autem à me, docentibus ſic obſervationibus, maxima elongatio Quarti à Iove 13. minutorum, id eſt, 13000. millia. germ. quæ eſt in altero ſchemate F A vel F G. quæ ſumma ſubtracta à tota F E, relinquit G E 678495. mill. germ. Nunc inquirenda eſt diameter C D umbræ Iovialis, quando ♃ eſt in maxima elongatione à Sole, quod fit hoc modo: ut ſe habet E F 691495. ad F A ſemidia. ♃ 500. ita ſe habet E G 678495. ad ſemid. umbræ C G, quæ provenit 491. mil. germ.

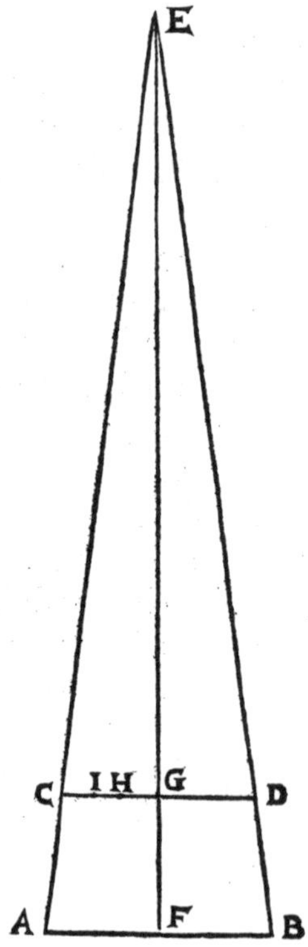

Nunc demum videndum an Quartus in ſua maxima diſtantiâ à Sole, id eſt, ſub initium ſui motus æqualis verſetur in umbra Iovis, an vero illam ad latus tranſeat: de reliquis enim tribus non eſt dubium, ob propinquitatem ad Iovem, & latitudinis exilitatem. Æſtimata eſt autem à me paulo ante in ſexto phænomeno maxima latitudo Quarti 15. ſecundorum. Qualium igitur diameter Iovis eſt 1000. talium erit G H 250. Adinventa eſt etiam diameter Quarti in generali conſideratione Mundi Iovialis 83. mill. ger. erit itaq; ſemidia: 41. taliũ videlicet H I: quæ addita ad maximam latitudinem G H 250. conficiunt 291. id eſt, G I quibus Quartus extrema ſua circumferentia à diametro umbræ diſtat. Cum itaq; G I multo minor ſit quam ſemidiameter umbræ G E, ideo totus Quartus verſatur in umbra Iovis & Eclipſatur in illo trãſitu. Quare omnes Quatuor Ioviales ſub initium ſui motus verſantur in umbra Iovis & Eclipſantur.

Aufgrund meiner Beobachtungen habe ich aber die größte Elongation des vierten Jupitertrabanten mit 13 Minuten angenommen; dies ist eine Strecke von 13000 germanischen Meilen, welche in der zweiten Figur FA oder FG ist; zieht man sie vom ganzen Betrag FE ab, bleibt GE gleich 678495 germanische Meilen übrig. Nun muß der Durchmesser CD des Schattens des Jupiter untersucht werden, und zwar bei der größten Entfernung des Jupiter von der Sonne; dies soll auf diese Art und Weise geschehen: So wie sich EF gleich 691495 zu FA, dem Radius des Jupiter, gleich 500 verhält, so verhält sich EG gleich 678495 zum Radius des Schattens CG, der sich als 491 germanische Meilen ergibt.

Nun schließlich muß man sehen, ob sich der vierte in seinem größten Abstand von der Sonne, dies ist zu Beginn seiner gleichmäßigen Bewegung, im Schatten des Jupiter befindet, oder aber ob er zur Seite hin an diesem Schatten vorübergeht. Was nämlich die übrigen drei angeht, so gibt es aufgrund der Nähe zum Jupiter und der geringen Breite keinen Zweifel. Die größte Breite des vierten habe ich kurz zuvor beim sechsten Phänomen auf 15 Sekunden geschätzt. Sowie daher der Durchmesser des Jupiter 1000 beträgt, so ist GH 250. Auch ist der Durchmesser des vierten gleich 83 germanische Meilen in der allgemeinen Betrachtung der *Welt des Jupiter* gefunden worden; folglich wird der Radius 41, nämlich HI, sein: Diese Strecke zur größten Breite GH 250 hinzugefügt, ergibt 291, dies ist die Strecke GI; soviel ist der vierte in seinem äußersten Umlauf vom Durchmesser des Schattens entfernt. Weil daher GI um vieles kleiner ist als der Radius des Schattens GE, befindet sich deswegen der ganze vierte im Schatten des Jupiter und verfinstert sich bei diesem Durchgang. Deshalb befinden sich alle vier Jupitermonde zu Beginn ihrer Bewegung im Schatten des Jupiter und verfinstern sich.

De priore ſchemate eſt notādum, quod ob faciliorem operationem eo ſic uſus fuerim quaſi linea G C ducta ex centro Iovis parallela lineæ F A, ad tangentem A C E, eadem eſſet cum illa, quæ ducitur ex eodem centro ad punctum contactus. Nam in hoc caſu eſt differētia quaſi imperceptibilis, nec impedit quidquam, quo minus propoſitum obtineam. Si enim per punctum cōtactus duceretur linea A C E tunc umbra prolongaretur, & ſemidiameter umbræ G C in loco tranſitus paulo longior redderetur. Quod ob malevolorum cavillationes hîc ſubjungere volui.

Quando itaque Quartus prope umbram Iovialem verſatur, & difficilius radios ſolares excipit, tunc minor apparet quam aliàs, imo omnino Ecclipſatur, id quod Galilæum ſuo inſtrumento perfectiſſimo vidiſſe teſtantur literæ Kepleri ad me miſſæ. Hoc tamen non raro accidit mihi, ut prope Iovem nullum viderim, poſt paucas vero horas, viderim planetam Iovialem in notabili à Iove diſtantia, quæ non reſpondebat motui horis intermedijs competenti, ſed multum ſuperabat. Ita vice verſa interdum vidi planetam in notabili diſtātiâ à Iove, poſt elapſas aliquot horas evanuit, cum tamen pro ratione proprij motus adhuc videri debuiſſet. Verum obſervationis iſtius tempora tunc non annotavi. Neceſſum eſt autem illud accidere circa quadraturam ♃ & Solis, & quidem in occidentali parte Iovis, circa primam, in parte orientali circa ultimam quadraturam ♃ & Solis. Ab anno hucuſque diligenter attendi in hanc rem, præcipue in Quarto: in reliquis enim mihi per meum inſtrumentum impoſſibile eſt, Eclipſationem eiuſmodi intueri, verum nunquam hactenus ſimilis obſervatio mihi contingere potuit, annitar tamen in poſterum, ut etiam de hoc certus fiam.

An autem horum ſiderum mutua Eclipſatio vel ſaltem aliqualis privatio luminis Solaris accidere poſſit, incertus

ſum,

Zur vorangegangenen Figur muß erwähnt werden, daß ich sie zwecks leichterer Berechnung so angelegt habe, als ob die Linie GC, die aus dem Mittelpunkt des Jupiter parallel zur Linie FA zu der Tangente ACE geführt wird, dieselbe wie jene wäre, die aus demselben Mittelpunkt zum Berührpunkt geführt wird. Denn in diesem Fall ist der Unterschied gleichsam unerfaßbar, und es steht nichts im Wege, daß ich meine Theorie aufrechterhalte. Denn wenn die Linie ACE durch den Berührpunkt geführt würde, dann würde der Schatten verlängert und der Radius des Schattens GC würde an der Stelle des Übergangs ein wenig länger. Dies habe ich an dieser Stelle wegen der Sticheleien der Neider hinzufügen wollen.

Wenn sich daher der vierte nahe beim Jupiterschatten befindet und nur sehr schwer Sonnenstrahlen aufnimmt, dann erscheint er kleiner als die anderen, ja verfinstert sich sogar gänzlich; die Briefe Keplers an mich beweisen das, was Galilei mit Hilfe seines sehr vollkommenen Instrumentes gesehen hat. Denn nicht selten geschah mir dies, daß ich nahe beim Jupiter keinen (Trabanten) gesehen habe, daß ich aber wenige Stunden später einen Jupitermond in bemerkenswertem Abstand vom Jupiter gesehen; dieser entsprach nicht der Bewegung in den dazwischenliegenden Stunden, sondern war um vieles größer. So habe ich umgekehrt manchmal einen Planeten in bemerkenswertem Abstand vom Jupiter gesehen; später, nachdem einige Stunden vergangen waren, war er verschwunden, obwohl er dennoch entsprechend seinem Lauf immer noch hätte gesehen werden müssen. Ich habe aber damals nicht die Zeiten dieser Beobachtungen vermerkt. Aber es ist notwendig zu bemerken, daß dieses zur Zeit der Quadratur zwischen Jupiter und Sonne geschieht, und zwar im westlichen Teil des Jupiter ungefähr zur Zeit der ersten Quadratur, im östlichen Teil ungefähr zur Zeit der letzten Quadratur zwischen Jupiter und Sonne. Von diesem Jahr an bis heute habe ich mich sehr gewissenhaft dieser Sache zugewandt, vorzugsweise aber beim vierten; denn bei den übrigen ist es mir wegen meines Instrumentes unmöglich, eine derartige Verfinsterung zu beobachten; bisher aber konnte mir niemals eine ähnliche Beobachtung gelingen; dennoch werde ich mich für die Zukunft bemühen, daß ich auch über dieses Gewißheit erlange.

Ob aber eine gegenseitige Verfinsterung dieser Gestirne oder doch irgendeine Art von Entzug vom Sonnenlicht möglich ist, bin ich mir

ſum, veriſimile mihi tamen videtur. Habeo quidem obſervationem factam hoc anno 1613. die $\frac{7}{17}$ Februarij hora 10. poſt merid. quo tempore omnes quatuor cernebantur, tres orientales, & unus, id eſt, primus occidentalis. Omnes erant valde clari, propter quartum, qui admodum vicinus erat ſecundo verſus Iovem, & auſtralior, & valde ſubtilis, ita ut vix videri potuerit. Quartus erat in ſuperiore parte ſuæ orbitæ & in receſſu, ſecundus vero in acceſſu & inferiore parte, prope illos etiam erat Tertius etiam in acceſſu, quin & umbra Iovis erat in occidentali parte, quæ huic exilitati luminis cauſam præbere non potuit. Veriſimile eſt igitur hęc duo corpora Tertij inprimis autem Secundi impediviſſe, quo minus radij ſolares fortiſſimi & liberrimi ad Quartum pervenire & profluere potuerint.

Tantum etiam de hoc ſeptimo & ultimo phænomeno: ſicque hanc ſecundam partem hujus libelli concludo. Nunc reſtat Theoriæ explicatio, quæ erit Tertia pars, in qua dictę motus diverſitates explicantur & demonſtrantur.

TER-

nicht sicher, dennoch scheint es mir wahrscheinlich. Freilich besitze ich eine Beobachtung, die in diesem Jahr 1613 am 7./17. (julianisch/gregorianisch) Februar zur zehnten Stunde nach Mittag gemacht worden ist, zu einer Zeit, in der alle vier sichtbar waren; drei befanden sich östlich und einer, nämlich der erste, befand sich westlich. Sie alle waren sehr hell, außer dem vierten, der zum Jupiter hin ganz nahe beim zweiten stand; er stand sowohl etwas südlicher, als auch war er sehr klein, so daß er kaum zu sehen war. Der vierte befand sich in der ersten Hälfte seiner Bahn und war im Zurückgehen; der zweite aber befand sich im Hinzutreten und in der zweiten Hälfte; nahe jenen war auch der dritte, auch beim Hinzutreten; auch war der Schatten des Jupiter im Westen; er konnte nicht diese Dürftigkeit des Lichtes verursachen. Daher ist es wahrscheinlich, daß diese zwei Körper, der des dritten, besonders der des zweiten, verhinderten, daß die Sonnenstrahlen sehr stark und ungehindert zum vierten gelangen konnten.

Soviel auch über dieses siebte und letzte Phänomen. Und so beende ich diesen zweiten Teil dieses Buches. Nun bleibt die Darstellung der Theorie, die den dritten Teil bilden wird, in welchem die genannten Unterschiede der Bewegung erklärt und dargestellt werden.

Galileo Galilei (1564–1642)

SIDEREVS
NVNCIVS

MAGNA, LONGEQVE ADMIRABILIA
Spectacula pandens, suspiciendaque proponens
vnicuique, præsertim verò
PHILOSOPHIS, atq; ASTRONOMIS, quæ à

GALILEO GALILEO
PATRITIO FLORENTINO
Patauini Gymnasij Publico Mathematico

PERSPICILLI

Nuper à se reperti beneficio sunt obseruata in LVNÆ FACIE, FIXIS INNVMERIS, LACTEO CIRCVLO, STELLIS NEBVLOSIS,
Apprime verò in

QVATVOR PLANETIS
Circa IOVIS Stellam disparibus interuallis, atque periodis, celeritate mirabili circumuolutis; quos, nemini in hanc vsque diem cognitos, nouissimè Author depræhendit primus; atque

MEDICEA SIDERA
NVNCVPANDOS DECREVIT.

VENETIIS, Apud Thomam Baglionum. M D C X.
Superiorum Permissu, & Priuilegio.

Titelseite des „Sidereus nuncius"

Nikolaus Kopernikus
Holzschnitt aus dem 16. Jahrhundert.

Johannes Kepler
Stich von Jakob v. Heyden.

TERTIA
PARS.

POST explicatas pro virili priores duas partes hujus libelli, ſupereſt tertia, quæ circa declarationem & accom̃odationem Theoriæ cum obſervationibus, & calculo maxime occupatur, quam etiam in ſequentibus breviter & ſuccinctè pertexam.

Eſt autem ſecundum meam imaginationem Theoria horum quatuor ſiderum talis, videlicet ut exiſtimem hæc ſidera motu ęquali & ſimplici circa Iovem tanquam centrum ferri, Iovem item cum ſuis ſatellitibus non terram ſed Solem pro centro agnoſcere. Solem autem ipſum quaſi in concentrico circa terram moveri præſuppono, non quod revera in concentrico terræ circulo feratur, ſed quod eccentricitas ejus in motus apparentiâ ſiderum Brandenburgicorum evaneſcat & quaſi imperceptibilis reddatur. Inſuper ſtatuo initium motus ſimplicis horum ſiderum in apageo medio, quando ſunt in maxima diſtantiâ à Iove indeque verſus ortum delabi, ſicque periodos ſuas abſolvere.

Faciliores intellectus gratiâ obſervetur ſequens ſchema, in quo A eſt Iupiter, circa quem, tanquam centrum ſunt delineati orbes quatuor planetarum Iovialium. B eſt Sol, B A diſtantia Solis & Iovis, quam etiam conſtituo 60. talium qualium diſtantia Solis & terræ eſt vndecim. In D ſunt planetæ hi ἀπόγειοι, id eſt, Iovis maxima diſtantia à Sole, inde moventur

Dritter Teil

Die Theorie

I. Die Phänomene I bis III

Nachdem ich die ersten zwei Teile dieses Büchleins – so gut es in meinen Kräften stand – dargelegt habe, bleibt der dritte Teil übrig, welchen außer der Erklärung und dem Bezug der Theorie auf die Beobachtungen am meisten die Berechnung einnimmt; auch diesen Teil werde ich im folgenden kurz und bündig vollenden.

Aber nach meiner Vorstellung ist die Theorie über diese vier Gestirne so, daß ich nämlich glaube, daß diese Gestirne mit einer gleichförmigen und einfachen Bewegung um den Jupiter als Zentrum eilen und daß auch Jupiter mit seinen Monden nicht die Erde, sondern die Sonne als Zentrum wahrnimmt. Ich setze voraus, daß sich aber die Sonne selbst gleichsam auf einer konzentrischen Bahn um die Erde bewegt; nicht weil sie wirklich auf einer solchen Kreisbahn um die Erde eilt, sondern weil ihre Exzentrizität bei der anscheinenden Bewegung der Brandenburgischen Gestirne verschwindet und gewissermaßen nicht wahrnehmbar wird. Obendrein setze ich fest, daß der Anfang der einfachen Bewegung der Monde in der Mitte der Erdferne und der größten Entfernung vom Jupiter liegt und daß sie von dort wieder zum Anfangspunkt gleiten und so ihre Umläufe vollenden.

Um des leichteren Verständnisses willen betrachte man folgende Skizze, in der der Punkt A den Jupiter darstellt, um welchen gleichsam als Zentrum die Bahnen der vier Jupitermonde eingezeichnet worden sind. Der Punkt B stellt die Sonne dar; die Strecke BA ist der Abstand zwischen Sonne und Jupiter; diesen setze ich als 60 Einheiten fest, wie der Abstand zwischen Sonne und Erde 11 Einheiten beträgt. Im Punkt D sind diese Himmelskörper im Apogäum, d. h. im größten Abstand von der

ventur motu ſimplici & æquali verſus ortum ad E, quo in loco ſunt ſtationarij, videlicet in maxima elongatione à Iove, à quo puncto revertuntur ad Iovem uſque dum ſint in F, ſcilicet in conjunctione cum Iove: inde verſus occaſum excurrunt in G, ubi iterum ſubſiſtunt quaſi, quoad viſum, quia tunc moventur in linea contactus, à quo termino tandem ad ſua initia in D recurrunt, atque tempus reſtitutionis periodicæ abſolvunt.

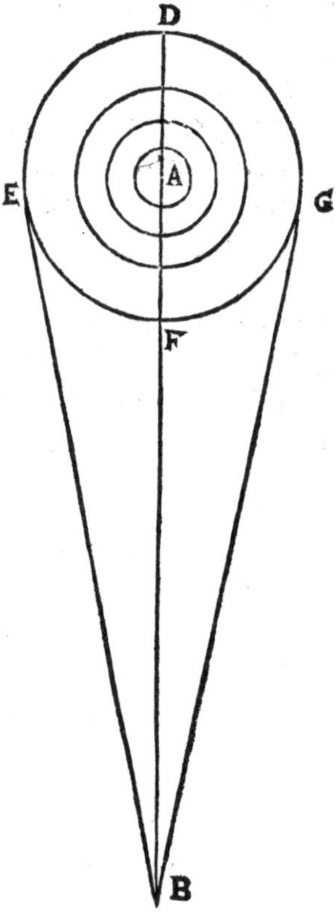

Hoc ſchemate excuſatur & demonſtratur 1. 2. & 3. phænomenon. Primum ſalvatur ſic, videlicet quia hæc ſidera circulariter circa Iovem vehuntur, ideo non fixa uno in loco ſed modo in hoc, modo in alio ſitu ad Iovem cernuntur. Secundum phęnomenon ſuperius fuit, quod quilibet ex his quatuor Iovialibus peculiarem terminum diſtantiæ utrinque à Iove agnoſcat, Quartus quidem diſtantiam 13. minutorum, Tertius 8. Secundus 5. Primus 3. hujus rei ratio ex adjuncto diagrammate patet. Nam quia experientia docet, hæc ſidera circumvolui circa Iovem circulari motu, manifeſtum eſt, quod à D diſcedentes non longius à Iove recedere poſſint, verſus ortum, quam uſque dum in E motu ſimplici delata fuerint. Idem accidit illis circa G. Quæ hîc de orbitâ Quarti dicuntur, ea etiam de reliquorum orbibus intelligenda ſunt. In tertio phęnomeno dictum fuit hos Ioviales circa

Sonne; von dort wandern sie in einfacher und gleichförmiger Bewegung nach Osten zum Punkt E hin, wo die Gestirne nahezu stillstehen. Dort haben sie die größte Elongation vom Jupiter; von diesem Punkt aus kehren sie zum Jupiter zurück, bis sie beim Punkt F angelangt sind, nämlich bei der Konjunktion mit Jupiter. Von da eilen diese westwärts auf den Punkt G zu, wo sie wiederum gleichsam verweilen, wie es schien; sie bewegen sich dann nämlich auf der Tangente. Von diesem äußersten Punkt laufen sie endlich zu ihrem Ausgangspunkt in D zurück und vollenden ihre Umlaufzeit.

An dieser Figur wird das erste, zweite und dritte Phänomen erklärt. Das erste wird so erklärt, daß nämlich diese Gestirne auf Kreisbahnen um den Jupiter eilen. Deshalb sieht man sie nicht an einem einzigen Ort feststehen, sondern bald in dieser, bald in jener Stellung zum Jupiter. Das zweite Phänomen bestand oben darin, daß jeder beliebige von diesen vier Jupitermonden einen eigenen äußersten Punkt bei der Entfernung vom Jupiter hat; der vierte hat nämlich einen Abstand von 13 Minuten, der dritte von 8 Minuten, der zweite von 5 Minuten, der erste von 3 Minuten. Wie sich dies verhält, wird deutlich aus der hinzugefügten Skizze. Denn weil es die Erfahrung lehrt, daß diese Gestirne um den Jupiter in einer kreisförmigen Bewegung laufen, ist klar, daß die Monde, wenn sie vom Punkt D wegeilen, sich nicht weiter vom Jupiter nach Osten hin entfernen können als so weit, bis sie durch eine einfache Bewegung beim Punkt E angelangt sind. Dasselbe geschieht mit ihnen beim Punkt G. Was ich hier über die Bahn des vierten Mondes sage, gilt auch für die Umlaufbahnen der übrigen.

Hinsichtlich des dritten Phänomens habe ich gesagt, daß diese Jupiter-

terminos maximę diſtātię, id eſt,circa E & G eſſe tardiſſimos & quaſi ſtationarios, prope Iovem vero velociſſimos. Ratio ex hac delineatâ figura manifeſta eſt. Nam quando verſantur circa maximas remotiones in E & G, moventur in lineâ quaſi rectâ in E quidem deorſum, in G vero ſurſum, nullum vel exiguum angulum ad terram vel Solem facientes, licet æqualiter eo etiam loci, ratione proprij & ſimplicis motus in propria orbitâ promoveantur.

Quod autem circa D & F incitatiſſimi motus ſint hi planetæ Ioviales, clarum eſt, quod ibidem motu proprio ſubito aliquem angulum apud terram vel Solem efficiunt, circa D quidem euntes verſus ortum, circa F tendentes ad occaſum. Quæ res eſt adeo manifeſta, ut uberiore declaratione & demonſtratione non egeat, pręſertim cum idem etiam in vulgaribus libellis ſphæricis doceatur, & vel ab incipientibus in Aſtronomiâ facile percipi poſſit.

In prima parte hujus libelli indicata ſunt tempora periodica horum quator Iovialium ſiderum. Quarti quidem dierum 16. horarum 18. minutorum primorũ 9. ſecund. 15. fere. Tertij dierum 7. horarum 3 min. 56. ſecund. 34. Secundi dierum 3. horarum 13. minutorum 18. Primi dici unius, horarum 18. minut. primorum 28. ſecund. 30. Hæcque ex ultima à me factâ correctione. In quæ tempora periodica ſi integer circulus, id eſt, 360. gradus dividatur, prodit uniuſcuiuſque motus ſimplex unius diei. Quarti graduum 21. minut. 29. ſecund. 3. teri. 30. Tertii ſigni unius, graduum 20. primorum 14. ſecund. 57. Primi 5. ſecundi ſigni. 3. grad. 11. primorum 17. ſecund. 22. fere. Primi ſign. 6. graduum 23. primorum 25. Ex hoc fundamento tabulæ ſimplicium motuum horum ſiderum Brandenburgicorum à me ſupputatę ſunt, ex quibus ad quodvis tempus datum, poſt annum 1608. cujuſq; ſimplex motus facili negocio depromi poteſt, ut paulo poſt docebitur.

Nota.

monde bei ihren größtmöglichen Abständen, d. h. bei den Punkten E und G, am langsamsten und fast stillstehend, nahe bei Jupiter aber am schnellsten sind. Wie sich dies verhält, wird an der nebenstehend aufgezeichneten Figur deutlich. Denn wenn sie sich bei ihrer größten Entfernung bei den Punkten E und G befinden, bewegen sie sich auf einer gewissermaßen geraden Linie eben zu E hinunter, zu G aber aufwärts; dabei nehmen sie keinen oder nur einen kleinen Winkel zur Erde oder zur Sonne ein; auch dort bewegen sie sich gleichmäßig in der Art einer eigenen und einfachen Bewegung auf ihrer eigenen Bahn.

Weil aber bei den Punkten D und F sich diese Jupitermonde am schnellsten bewegen, ist es klar, daß sie ebendabei durch ihre eigene Bewegung schnell einen Winkel zur Erde oder zur Sonne einnehmen. Dabei gleiten sie bei dem Punkt D nach Osten und bei dem Punkt F nach Westen. Diese Sache ist so offensichtlich, daß es einer ausführlicheren Erklärung und Darlegung nicht bedarf; dasselbe wird ja auch in gewöhnlichen Büchern über die Lehre von den Himmelskörpern gelehrt und kann sogar von Anfängern in der Sternkunde leicht verstanden werden.

Im ersten Teil dieses Büchleins habe ich die periodischen Umlaufzeiten dieser vier jovialischen Gestirne angegeben. Die Umlaufzeit des vierten beträgt 16 Tage, 18 Stunden, 9 Minuten und etwa 15 Sekunden, die des dritten 7 Tage, 3 Stunden, 56 Minuten, 34 Sekunden, die des zweiten 3 Tage, 13 Stunden, 18 Minuten, die des ersten einen einzigen Tag, 18 Stunden, 28 Minuten, 30 Sekunden. Diese Angaben stammen aus meiner letzten verbesserten Aufstellung. Wenn für diese Umlaufzeiten jeweils ein ganzer Kreis, d. h. 360 Grad, aufgeteilt wird, ergibt sich die einfache Bewegung eines jeden einzelnen für einen einzigen Tag: Für den vierten eine Bewegung von 21 Grad, 29 Minuten, 3,5 Sekunden; für den dritten eine Einheit (= 30 Grad), 20 Grad, 14 Minuten, 57 Sekunden; für den zweiten drei Einheiten (= 90 Grad), 11 Grad, 17 Minuten und etwa 22 Sekunden; für den ersten sechs Einheiten (= 180 Grad), 23 Grad, 25 Minuten. Auf dieser Grundlage sind die Tabellen über die einfachen Bewegungen dieser Brandenburgischen Gestirne von mir errechnet worden. Aus diesen Tabellen kann man für jeden gegebenen Zeitpunkt nach dem Jahre 1608 die einfache Bewegung eines jeden einzelnen ohne Mühe entnehmen, wie ich es auch bald zeigen werde.

Nota. Poſſent hîc pluribus explicari, quæ accidunt in collatione maximarum elongationum à Iove horum ſiderum. Nam elongatio Tertij maxima eſt, medium proportionale quam proxime inter elongationem maximam Quarti & Secundi. Ita ſecundi maxima elongatio eſt itidem fere medium proportionale inter diſtantiam maximam Tertij & Primi. Verum, uti dixi, nolo hîc pluribus de his agere, in aliud tempus ea reſervaturus, ſiquidem, jam ſaltem prima fundamenta Mundi Iovialis, non tamen ſpernenda, à me jacta ſunt, monere tamen volui.

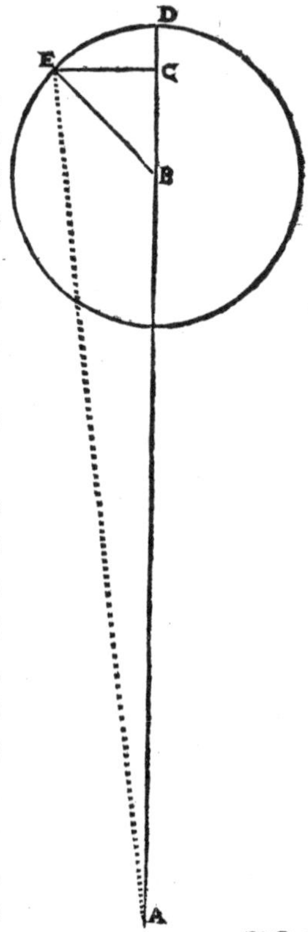

Conſtituto hac ratione motu æquali & ſimplici horum ſiderum, proximum eſt ut reliqua adjungam, quæ ad apparentis motus inquiſitionem ſunt neceſſaria. Inter illa autem primum eſt, ut inquirantur ſingulorum diſtantiæ à Iove, verſus ortum in occaſum, competentes motui æquali in propriâ orbitâ, id quod fit in hunc modum.

Eſto in oppoſita figura A terra vel Sol, quia idem eſt, quoniam hæ diſtantiæ computantur ad mediam diſtantiam Terræ & Iovis, quæ eſt eadem cum diſtantia Iovis & Solis. B ſit centrum Iovis. D initium motus ſimplicis Quarti (reliquorum eadem eſt ratio) ſitq; in hoc exemplo D E 45. grad. B E ſemidiamiter orbis Quarti 13. minut. hinc inquiritur linea E C diſtantia Quarti à Iove verſus ortum congruens

B e m e r k u n g: Es könnte hier ausführlich erklärt werden, was sich beim Vergleich der Winkelabstände dieser Gestirne vom Jupiter ergibt. Denn die größte Elongation des dritten ist recht genau der verhältnismäßige Mittelwert zwischen dem größten Winkelabstand des vierten und des zweiten. So ist der größte Winkelabstand des Zweiten gleichfalls der verhältnismäßige Mittelwert zwischen dem größten Abstand des dritten und des ersten. Aber ich will hier, wie ich gesagt habe, diese Dinge nicht ausführlich abhandeln. Ich wollte dieses für einen anderen Zeitpunkt aufsparen; da ich aber gerade die ersten Grundlagen der Welt des Jupiter gelegt habe, die man aber doch nicht geringschätzen darf, so wollte ich doch wenigstens darauf hinweisen.

II. Die Abstände vom Jupiter

Nachdem auf diese Weise die gleichförmige und einfache Bewegung dieser Gestirne bestimmt wurde, will ich als nächstes das übrige hinzufügen, was zur Untersuchung der sichtbaren Bewegung notwendig ist. Dabei ist es aber das Wichtigste, daß die Abstände der einzelnen Monde vom Jupiter untersucht werden – erst gegen Osten und dann zum Westen hin –, die der gleichförmigen Bewegung auf ihrer eigenen Umlaufbahn entsprechen; das geschieht in der folgenden Weise:

Es soll in der beigefügten Figur der Punkt A die Erde darstellen oder die Sonne, weil es dasselbe ist; diese Abstände berechne ich ja im Bezug auf den mittleren Abstand zwischen Erde und Jupiter, der mit dem Abstand zwischen Jupiter und Sonne übereinstimmt. Der Punkt B sei das Zentrum des Jupiter. Der Punkt D sei der Anfang der einfachen Bewegung des vierten (bei den anderen ist dasselbe der Fall), und es sei in dieser Figur der Bogen DE 45 Grad; BE sei der Radius der Umlaufbahn des vierten von 13 Minuten; nun wird die Strecke EC, der Abstand des vierten vom Jupiter gegen Osten hin, gesucht, die mit der besagten

dicto motui ſimplici. Utar autem methodo ſimpliciſſimâ, ob faciliorem operationem, nimirum tali.

In triangulo rectangulo E C B, dantur prçter rectum E C B, etiam angulus D B B motus ſimplex planetę, & latus B E 13. minutorum, non latebit igitur latus E C. Nam ut ſinus totus 100000. ad latus B E 13. ita ſinus anguli E B C 70711. ad latus E C 9. prim. 12. ſecund. quę eſt diſtantia Quarti à Iove verſus ortum, competens motui ęquali 45. graduum, qualis etiam in tabula diſtantiarum reperitur. Hac ratione omnes diſtantię omnium quatuor Planetarum Iovialium ad quinos gradus motus ęqualis à me ſupputatę & in tabulis poſitę ſunt.

Non ignoro has diſtantias aliter ſupputandas fuiſſe, at mihi ſufficit hic modus in hoc caſu: Si alicui hęc non placent, is experiatur aliam & uſitatam rationem, deprehendet differentiam plane imperceptibilem, ob maximam diſtantiam Iovis & terrę, & elongationes minimas horum ſiderum à Iove, reſpectu diſtantiæ ♃ & terræ. Et ſi quæ eſt differentiola, eam omnino indignam tanto labore calculi judicavi, qui in altero & magis artificiali modo uſurpandus & adhibendus fuiſſet.

Si nunc Iupiter terram pro centro haberet, uti Ptolomaica fert opinio, jam abſolutus eſſet calculus & modus inquirendi diſtantias Iovialarum à Iove utrinque, per ſimplicem enim motum cujuſlibet illa ex tabulis modo conſtructis peteretur. Verum obſervationes meæ circa quadraturam Iovis & Solis factæ, teſtantur aliam adhuc inæqualitatem ſubeſſe, & Iovem non terram ſed Solem pro centro habere, eumque motus ſui æqualitate hęc ſidera cum Iove reſpicere. Quare alia adhuc tabula condenda fuit, quam æquationis tabulam vocavi.

Deprehenditur autem hæc ęquatio tali modo: In adjun-

cto

einfachen Bewegung übereinstimmt. Ich benutze aber die einfachste Methode wegen der einfacheren Berechnung, und zwar auf folgende Weise.

Im rechtwinkligen Dreieck ECB sind außer dem rechten Winkel ECB auch der Winkel DBE der einfachen Bewegung des Mondes und die Seiten BE von 13 Minuten gegeben; die Strecke EC ergibt sich daraus. Denn wie sich der ganze Sinus gleich 100000 zur Seite BE gleich 13 Minuten verhält, so verhält sich der Sinus des Winkels EBC gleich 70711 zur Seite EC gleich 9 Minuten 12 Sekunden; dies ist der Abstand des vierten vom Jupiter im Osten und entspricht der gleichförmigen Bewegung von 45 Grad, wie es auch in der Tabelle über die Abstände zu finden ist. Auf diese Weise habe ich alle Abstände aller vier Jupitermonde bis auf fünf Grad der gleichförmigen Bewegung berechnet und in den Tabellen aufgeführt.

Ich weiß genau, daß diese Abstände auch anders hätten berechnet werden können, aber mir genügt diese Art und Weise in diesem Fall. Wenn jemandem dies nicht gefällt, dann soll er eine andere und übliche Berechnung versuchen; er wird einen kaum wahrnehmbaren Unterschied erkennen – wegen des sehr großen Abstandes zwischen Jupiter und Erde und der sehr kleinen Elongationen dieser Gestirne vom Jupiter –, unter der Berücksichtigung des Abstandes zwischen Jupiter und Erde. Wenn es irgendeinen kleinen Unterschied gibt, hielt ich diesen einer so großen Mühe der Berechnung für gänzlich unwürdig, die bei einer anderen, feineren Art der Berechnung hätte angewendet werden müssen.

III. Die Ausgleichung

Wenn nun Jupiter um die Erde als Mittelpunkt kreiste, wie es ptolemäische Meinung ist, dann wären die Berechnung und die Art des Vorgehens bei der Untersuchung der Entfernungen der Jupitermonde auf beiden Seiten des Jupiter bereits vollendet; für den einfachen Umlauf eines jeden beliebigen Mondes nämlich könnte diese Entfernung aus den eben aufgestellten Tabellen entnommen werden. Aber meine Beobachtungen, die bei der Quadratur der Sonne und des Jupiter gemacht werden, beweisen, daß noch eine andere Ungleichheit übrigbleibt und daß Jupiter nicht die Erde, sondern die Sonne als Zentrum hat, und daß diese in der Gleichmäßigkeit ihres Laufes der Mittelpunkt dieser Gestirne einschließlich des Jupiter ist. Deshalb mußte ich noch eine andere Tabelle erstellen, die ich Tabelle der Ausgleichung genannt habe.

Man erhält aber diese Ausgleichung so:

cto diagrammate ſit A terra; B Sol. C centrum Iovis, ſitque linea B C, id eſt, diſtantia Solis & Iovis ſemper 60, partium, qualium B A diſtantia Solis & terrę pręſupponitur undecim. Inquirendus nunc eſt angulus A C B, qui eſt ęquatio quęſita. Dantur autem in triangulo A B C tria, nimirum A B 11. B C 60. & angulus B A C. qui eſt diſtantia vera Iovis & Solis, id eſt, arcus F B, ſitque in hoc exemplo integer quadrans circuli, videlicet 90. gradus. Dico itaque ut ſe habet latus B C 60. ad ſinum anguli B A F 90. graduum, id eſt 100000, ita ſe habet latus B A 11. ad ſinum anguli quæſiti B C A, factaque operatione prodit ſinus iſtius anguli 18333. cui reſpondet arcus 10. graduum 34. minutorũ nempe D E, eſtque ablativus: Nam B C D eſt linea apogæi medij, inq; D incipit motus æqualis. A C E vero linea veri apparentis apogęi, à quo numeratur verus motus. Ablato itaque arcu D E ex æquali motu, remanet coæquata lõgitudo planetę à puncto E, cũ quo vera diſtantia planetæ à Iove ex ſua tabula depromenda eſt.

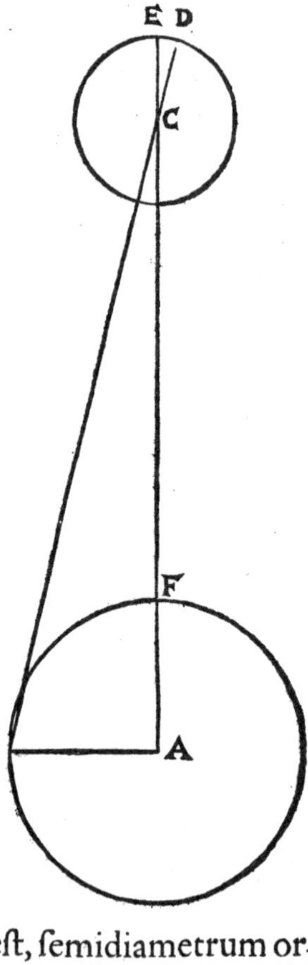

Scio diſtantiam Solis & terræ, id eſt, ſemidiametrum orbis magni apud Copernicum non eſſe pręciſe undecim, ſed inſuper 30. fere minutorum, itaque angulus B C A evaderet 11. grad. 3. minutorum. Verum enimvero, quia in toto hoc libello pręciſionem ſummam neglexi, ſicut & utramque ec-

In der hinzugefügten Skizze sei der Punkt A die Erde, der Punkt B die Sonne. Der Punkt C sei das Zentrum des Jupiter; und die Strecke BC sei der Abstand zwischen Sonne und Jupiter, 60 Teile lang, wie die Strecke BA, der Abstand zwischen Sonne und Erde, als 11 Teile lang angenommen wird. Nun muß der Winkel ACB berechnet werden, der die gesuchte Ausgleichung darstellt. Im Dreieck ABC sei aber dreierlei gegeben, nämlich die Strecke AB von 11 Teilen, die Strecke BC von 60 Teilen und der Winkel BAC, der der wahre Abstand zwischen Jupiter und Sonne ist, d. h. der Kreisbogen FB; dieser sei in dieser Figur ein vollständiges Viertel des Kreises, nämlich 90 Grad. Ich behaupte daher: Wie sich die Seite BC gleich 60 zum Sinus des 90-Grad-Winkels, d. h. gleich 100000, verhält, so verhält sich die Seite BA gleich 11 Teile zum Sinus des gesuchten Winkels BCA. Die Berechnung ergibt einen Sinus dieses Winkels gleich 18333, dem ein Bogen von 10 Grad 34 Minuten, nämlich der Bogen DE, entspricht, und der ist abzüglich: Denn BCD ist die Gerade des erdfernsten Mittelwerts, und im Punkt D beginnt die gleichförmige Bewegung. Aber ACE ist die Gerade der wahren sichtbaren erdfernsten Stellung, von der die wahre Bewegung gezählt wird. Nachdem daher der Kreisbogen DE von der gleichförmigen Bewegung abgezogen wurde, bleibt nur die ausgeglichene Strecke des Jupitermondes vom Punkt E übrig, mit dem der wahre Abstand des Mondes vom Jupiter aus einer Tabelle entnommen werden muß.

Ich weiß, daß der Abstand zwischen Sonne und Erde, d. h. der Radius des Großen Kreises bei Kopernikus, nicht genau 11 Grad beträgt, sondern obendrein etwa 30 Minuten. Daher betrüge der Winkel BCA 11 Grad 30 Minuten. Ich habe nun in diesem ganzen Buch die allergrößte Genauigkeit nicht erstrebt – z. B. auch beide Exzentrizitäten sowohl der

centricitatem cum Iovis tùm Solis, malui undecim saltem retinere, ob faciliorem operationem, quin etiam 29. illa minuta, quæ sunt differentia inter utrumque angulum, in distantiâ excerpendâ è propria tabula, nullum perceptibilem inducunt errorem.

Cum aliquando de omnibus apparentijs in motu horum siderum certo constiterit, tunc hæc & alia scrupulose supputari poterunt, vel à meipso, vel ab alio aliquo Mathematico, ne habeat superstitiosus alienorum laborum censor, de quo conqueri possit. Hac ratione ex præsupposita hypothesi motus longitudinis horum quatuor siderum sunt explicati & in tabulas redacti, sufficiantq; hæc candido rerum astronomicarum amatori.

Restat nunc compositio & usus tabulæ latitudinis horum Iovialium circulatorum. Dictum est autem in secunda parte phænomeno sexto, hos planetas in terminis maximarum utrinque elongationem à Iove versari in linea transeunte per centrum Iovis, Eclipticæ seu viæ Solari parallelâ. Quando vero constituuntur in linea ex Sole per Iovem ducta, in maxima latitudine versari, in apogæo quidem versus austrum, in perigæo vero versus boream existentes.

Supputavi autem hanc tabulam latitudinis ad quindenos gradus motus æqualis à termino maximæ distantiæ occidentalis incipientis, in hunc videlicet modum: Vt se habet integer quadrans, id est, sinus totus ad sinum maximæ latitudinis, ita se habet sinus certæ alicujus elongationis ab alterutro termino maximæ distantię à Iove, ad sinum latitudinis, dictæ distantiæ vel arcui competentis.

Exempli gratia: Cupio scire latitudinem Quarti ad gradus 45. distantiæ à termino occidentali. Dico, ut se habet sinus totus 10000000, ad sinum 15. secundorum, videlicet

Sonne als auch des Jupiter; deshalb wollte ich lieber doch 11 Grad beibehalten, weil es sich so leichter rechnet. Denn jene 29 Minuten, die den Unterschied zwischen beiden Winkeln ausmachen, führen beim Entnehmen des Abstandes aus der dazugehörigen Tabelle zu keinem wahrnehmbaren Fehler.

Wenn einst alle Erscheinungen hinsichtlich der Bewegung dieser Gestirne völlig geklärt sind, dann wird dies und anderes im einzelnen berechnet werden können, und zwar entweder von mir selbst oder von irgendeinem anderen Mathematiker; der übergenaue Kritiker fremder Werke soll keinen Grund haben, sich zu beklagen. Auf diese Weise sind gemäß der aufgestellten Hypothese die Längenbewegungen dieser vier Gestirne erklärt und dann in Tabellen eingefügt worden. Das mag dem aufrichtigen Liebhaber astronomischer Dinge genügen.

IV. Die Bahnneigungen

Es bleibt nun die Zusammenstellung und die Gebrauchsanleitung der Tabellen der Latitudo für diese Jupitermonde übrig. Es wurde aber im zweiten Teil im sechsten Phänomen gesagt, daß diese Planeten an den Grenzen der größten Elongationen auf beiden Seiten des Jupiter auf einer Linie durch das Zentrum des Jupiter liegen, die parallel zur Ekliptik oder zum Weg der Sonne ist. Wenn sie aber auf einer Geraden angeordnet werden, die von der Sonne durch den Jupiter gezogen wird, ist gesagt worden, daß sie sich auf der größten Breite aufhalten, indem sie nämlich in Erdferne gegen Süden, in Erdnähe aber gegen Norden von der Linie abweichen.

Ich aber habe diese Tabelle zur Breitenbewegung, die ihren Anfang von der Grenze des größten westlichen Abstandes bis zu 15 Grad der gleichförmigen Bewegung nahm, in dieser Weise berechnet: Wie sich das vollständige Viertel, d. h. der ganze Sinus, zum Sinus der größten Breite verhält, so verhält sich der Sinus irgendeiner bestimmten Elongation von einer der beiden Grenzen der größten Elongation vom Jupiter zum Sinus der Breite des genannten Abstandes oder eines entsprechenden Kreisbogens.

Zum Beispiel: Ich will die Breite des vierten beim 45. Grad des Abstandes von der westlichen Grenze wissen. Ich behaupte, wie sich der ganze Sinus gleich 10000000 zum Sinus von 15 Sekunden gleich 727

delicet 727. ita se habet sinus graduum 45. nimirum 7071068. ad sinum latitudinis quæsitę 514. cui respondet arcus 11. secundorum, scilicet latitudo desiderata, prout etiam in tabula latitudinis videre est.

Absolvi nunc ea omnia, DEI auxilio, quæ ad calculum longitudinis & latitudinis horum siderum Iovialium necessaria erant. Super est nunc, ut usum tabularum monstrem, qui est principalissimus scopus hujus libelli, & qui procul dubio à studioso logistâ avide exspectatur.

Includam autem totam calculi methodum, paucis quibusdam regulis, ut facilior reddatur, & melius memoriâ teneatur.

METHODUS

SUPPUTANDI EX SEQUENTIBUS TABULIS SITUM HORUM SIDERUM AD IOVEM, CUM SECUNDUM longitudinem, tum etiam latitudinem.

I.

OMnes dati temporis species completæ accipiendę sunt, quod fit subtrahendo unitatem ab anno, mense & dię dato, ut etiam aliàs fieri solet.

II.

Annum & diem ordior à media nocte pręcedente Calendas Ianuarij, more Romano, quem etiam Reniholdus in suis tabulis retinuit.

III. Ac-

verhält, so verhält sich der Sinus von 45 Grad, nämlich 7071068, zum Sinus der gesuchten Breite gleich 514, dem ein Bogen von 11 Sekunden entspricht; dies ist die gewünschte Breite, wie auch in der Tabelle der Breite zu sehen ist.

Nun habe ich dies alles – mit der Hilfe GOTTES – zu Ende geführt, was zur Berechnung der Länge und Breite der Bahnen dieser Jupitertrabanten nötig war. Übrig bleibt es nun, daß ich den Gebrauch der Tabellen zeige, der das Hauptziel dieses Büchleins ist und der ohne Zweifel von wißbegierigen Mathematikern begierig erwartet wird.

Beifügen aber werde ich eine vollständige Gebrauchsanweisung für die Berechnung, mit einigen wenigen Regeln, damit man sie leichter durchführen und besser im Gedächtnis halten kann.

Methode, aus den folgenden Tabellen die Stellung dieser Monde zum Jupiter sowohl nach ihrer Longitudo als auch ihrer Latitudo zu berechnen

I.

Alle Erscheinungen zu einem gegebenen Zeitpunkt sind vollständig zu entnehmen; dies geschieht wie üblich durch Subtrahieren einer Zeiteinheit vom gegebenen Jahr, Monat und Tag.

II.

Ich beginne Jahr und Tag mit der Mitternacht vor dem ersten Januar; dies ist römische Sitte, wie sie auch Reinhold bei seinen Tabellen beibehielt.

III.

Accommodato ſic tempore ad tabulas : Primo cum annis completis accipiuntur Epochæ, ex tabula Epocharum. His adjunguntur motus ſimplices menſibus, diebus, horis & minutis datis competentes. Poſt omnia in unam ſummam redigantur, planetæ apud Aſtronomos moris eſt. Puerile eſſet hîc omnia ſigillatim repetere & docere. Sicque habetur motus æqualis planetæ alicujus: Anni biſextilis habeatur ratio, in tabula menſium.

IV.

Inquiratur diſtantia Iovis & Solis, ſubtrahendo locum Iovis à loco Solis.

V.

Cum hac diſtantia quæratur ęquatio, ex tabula ęquationis. Obſervandum tamen, partem proportionalem eſſe accipiendam, ſi numerus diſtantiæ Iovis & Solis in tabula non pręciſe habetur. Notandum etiam per quot gradus numerus à numero proximo diſtet in dicta tabulâ.

VI.

Hęc ęquatio ſubtrahenda eſt ab ęquali motu planetę, quando diſtantia Iovis & Solis eſt minor ſex ſignis : In altera autem medietate addenda eſt, & habetur coęquatus motus planetæ.

VII.

Cum hoc coęquato motu ex tabula diſtantiarum decerpatur diſtãtia, quæ erit verſus ortum, coęquato motu minore exiſtente ſex ſignis : verſus occidentem vero in reliquis ſex ſignis vel ſemicirculo altero, & habetur quęſita diſtantia planetæ à Iove. Pars proportionalis non negligatur in excerpenda diſtantia.

Hæ tabulę & Epochę mediorum motuum ſunt ſupputatæ ad Meridianum Onoltzbacenſem, qui abeſt à primo meridiano gradibus 34. minut. 45. vel qui diſtat à Meridiano Noribergenſi verſus occaſum duobus minutis unius horæ.

PRO

III.

So stimmt die Zeitangabe mit den Tabellen überein; nun entnimmt man zuerst die Zeitpunkte der Epochen aus den Epochentabellen. Diesen fügt man die einfachen Bewegungen hinzu, die den gegebenen Monaten, Tagen, Stunden und Minuten entsprechen. Dann addiere man alles, gerade wie es bei den Astronomen üblich ist. – Es wäre kindisch, hier alles im einzelnen zu wieder-holen und darzulegen. – Und so erhält man die gleichmäßige Bewegung eines beliebigen Mondes. Ein Schaltjahr möge in der Tabelle der Monde entsprechend berücksichtigt werden.

IV.

Um die Entfernung zwischen Jupiter und Sonne zu erhalten, subtrahiere man die Stellung des Jupiter von der der Sonne.

V.

Mit dieser Entfernung mag man die Äquation aus der Äquationentabelle entnehmen. Man beachte aber, daß man nur eine Verhältnisangabe erhalten kann, wenn der Wert der Entfernung zwischen Jupiter und Sonne nicht genau der Tabelle entnommen wird. Auch möge man darauf achten, um wieviel Grad sich dieser Wert vom nächsten Wert in der besagten Tabelle unterscheidet.

VI.

Diese Äquation muß abgezogen werden von der gleichmäßigen Bewegung des Mondes, wenn die Entfernung zwischen Jupiter und Sonne kleiner ist als sechs Signa. In der anderen Hälfte aber muß sie addiert werden. So erhält man die ausgeglichene Bewegung des Mondes.

VII.

Zusammen mit dieser ausgeglichenen Bewegung mag man aus der Entfernungstabelle die Entfernung erhalten, und zwar nach Osten hin, wenn die ausgeglichene Bewegung weniger als sechs Signa beträgt; nach Westen aber in den übrigen sechs Signa, also in der zweiten Kreishälfte; so erhält man die gesuchte Entfernung des Mondes vom Jupiter. Der proportionale Teil darf beim Entnehmen der Entfernung nicht vernachlässigt werden.

Diese Tabellen und Epochen der mittleren Bewegungen sind berechnet bezogen auf den Meridian von Ansbach, der vom ersten Meridian 34 Grad und 45 Minuten oder vom Nürnberger Meridian nach Westen zwei Zeitminuten entfernt ist.

PRO LATITUDINE INDAGANDA.

MOtui ſimplici non coæquato addantur tria ſigna, & reſultat diſtantia planetæ à termino maximę remotionis occidentalis: cum qua ex tabula latitudinis depromatur quęſita latitudo, quæ erit auſtralis, quando dicta diſtantia eſt minor ſex ſignis, borealis quando major.

Exemplum.

ANNO 1613. die primo Aprilis, hora 8. poſt meridiem, erant omnes quatuor Ioviales planetæ in maximâ diſtantiâ à Iove. Quartus & Secundus erat in maxima diſtantia orientali: Tertius & Primus in maxima diſtantiâ occidentali.

Tempus completum & accommodatum ad tabulas eſt tale: Annus 1612. Menſis Martius, dies nullus, horæ 20. Huic tempori reſpondent motus æquales ſequentes:

	Sig.	Gr.	Min.
Primi	8.	29.	21.
Secundi	3.	2.	31.
Tertij	9.	6.	3.
Quarti	2.	13.	18.

Iupiter erat in 18. gradu virginis, Sol in 22. gradu Arietis. Eſt itaque diſtantia ſignorum 7. graduum 4. Non curo minuta in hoc caſu. Huic reſpondet æquatio 5. grad. 52. min. addenda, ſicuti etiam litera A in fronte tabulæ indicat. Sunt ergo motus coæquati tales:

	Sig.	Gr.	Min.
Primi	9.	5.	13.
Secundi	3.	8.	23.
Tertij	9.	11.	55.
Quarti	2.	19.	10.

F His

Zur Ermittlung der Latitudo

Der einfachen, nicht angeglichenen Bewegung füge man drei Signa hinzu und es ergibt sich die Distanz des Mondes von dem Endpunkt der größten westlichen Entfernung. Mit dieser entnehme man aus der Latitudo-Tabelle die gesuchte Latitudo; diese wird südlich sein, wenn die besagte Distanz kleiner ist als sechs Signa, nördlich, wenn sie größer als sechs Signa ist.

Beispiel

Im Jahr 1613, am ersten April in der achten Stunde nach dem Mittag, befanden sich alle vier Monde in der größten Entfernung vom Jupiter. Der vierte und der zweite standen im Osten und der dritte und der erste im Westen in maximaler Entfernung.

Der ergänzte und den Tabellen entsprechende Zeitpunkt ist folgender: das Jahr 1612, der Monat März, erster Tag, 20 Uhr. Diesem Zeitpunkt entsprechen folgende gleichmäßige Bewegungen:

	Signa	Grad	Minuten
des ersten Mondes	8	29	21
des zweiten Mondes	3	2 (*7)	31
des dritten Mondes	9	6	3
des vierten Mondes	2	13	18

Jupiter war im 18. Grad des Sternzeichens Jungfrau, die Sonne im 22. Grad des Sternzeichens Widder. Die Entfernung ist also 7 Signa, 4 Grad. Die Minuten lasse ich in diesem Fall unberücksichtigt. Dieser Entfernung entspricht eine Äquation von 5 Grad, 52 Winkelminuten, die zu addieren ist, wie es auch der Buchstabe A am Beginn der Tabelle besagt. Die gleichgesetzten Bewegungen sind also folgende:

	Signa	Grad	Minuten
des ersten Mondes	9	5	13
des zweiten Mondes	3	8 (*13)	23
des dritten Mondes	9	11	55
des vierten Mondes	2	19	10

Angaben mit * sind Verbesserungen nach Oudemans.

His coęquatis motibus competunt ex tabula diſtantiarum, factâ ubiq; correctione, diſtantiæ ſequentes:

	Prim.	Sec.	
Primi	2	59	Occid.
Secundi	4	56	Orient.
Tertij	7	49	Occid.
Quarti	12	44	Orient.

Id eſt, quam proxime in maxima elongatione omnes quatuor.

Aliud.

Eodem anno 1613. die 14. Februarij hora 7. poſt merid. erat ſitus horum ſiderum ad Iovem talis: Tertius & lucidus aberat verſus ortum 7. min. quaſi. Secundus ferè quinq;, prope illũ verſus Iovem, aderat ſubtilis & borealior, videlicet Quartus. Verſus occaſum à Iove diſtabat Primus 3. quaſi minutis.

Tempus accommodatum ad tabulas eſt tale. Annus 1612. menſis Ianuar. dies 13. horæ 19. Motus ſimplices ſunt.

	Sig.	Gr.	Min.
Primi	8.	23.	42.
Secundi	3.	18.	57.
Tertij	4.	2.	29.
Quarti	5.	14.	49.

Diſtantia Iovis & Solis erat 5. ſignorum 12. graduum. Æquatio 3. gr. 15. min. ſubtrahenda: Ergo coæquati motus.

	Sig.	Gr.	Min.
Primi	8.	20.	27.
Secundi	3.	15.	24.
Tertij	3.	29.	14.
Quarti	5.	11.	34.

His

Wenn man überall korrigiert, entsprechen diesen gleichgesetzten Bewegungen die folgenden Entfernungen aus der Tabelle der Entfernungen:

	Minuten	Sekunden	
des ersten Mondes	2	59	westlich
des zweiten Mondes	4	56 (*52)	östlich
des dritten Mondes	7	49	westlich
des vierten Mondes	12	44	östlich

Das heißt, alle vier Monde befinden sich ganz nahe an der größten Elongation.

Ein weiteres Beispiel

Im selben Jahr 1613 befanden sich die Monde am 14. Februar in der siebten Stunde nach Mittag in folgender Stellung zum Jupiter: Der dritte und leuchtend helle Mond war ostwärts ungefähr sieben Minuten entfernt, der zweite ungefähr fünf Minuten; nahe bei ihm in Richtung zum Jupiter hin befand sich – kleiner und weiter nördlich – der vierte. Im Westen stand der erste etwa drei Minuten vom Jupiter entfernt.

Der den Tabellen entsprechende Zeitpunkt ist folgender (13. Januar 1612, 19 Uhr; einfache Bewegungen):

	Signa	Grad	Minuten
Erster	8	23	42
Zweiter	3	18 (*23)	57
Dritter	4	2	29
Vierter	5	14	49 (*9)

Die Entfernung des Jupiter von der Sonne betrug 5 Signa, 12 Grad. Die Äquation von 3 Grad 15 Minuten wird subtrahiert und es ergeben sich folglich die ausgeglichenen Bewegungen:

	Signa	Grad	Minuten
Erster	8	20	27
Zweiter	3	15 (*20)	24 (*42)
Dritter	3	29	14
Vierter	5	11 (*10)	34 (*54)

His reſpondent diſtantiæ ſequentes

	Prim.	Sec.	
Primi	2	57	Occid.
Secundi	4	48	Orient.
Tertij	7	0	Orient.
Quarti	4	8	Orient.

PRO LATITVDINE.

IN proximo exemplo eſt Quartus borealis, quia Secundus fuit quaſi in maxima diſtantia orientali, ideoq; caruit latitudine: Addo igitur tria ſigna ad motum ſimplicem Quarti, & reſultat elongatio à termino occid. 8. ſig. 14. grad. 49. min. cui competit latitudo 14. ſecundorum borealis.

ALIVD PRO LATITVDINE.

EOdem anno 1613. die 20. Ianuarij hora 6. mane erat Tertius in maxima elongatione occidentali, prope eum verſus Iovem in diſtantia quaſi unius minuti, erat Quartus, verum auſtralis. Ad id tempus erat medius motus utriuſque.

	Sig.	Gr.	Min.
Tertij	9	9	3
Quarti	11	5	24

Æquatio ratione diſtantiæ Iovis & Solis erat 7. grad. 34. Minutorum ſubtrahenda. Erant itaque coæquati motus.

	Sig.	Gr.	Min.
Tertij	9	1	29
Quarti	10	27	50

Diesen entsprechen folgende Abstände:

	Minuten	Sekunden	
Erster	2	57	im Westen
Zweiter	2	48	im Osten
Dritter	7	0	im Osten
Vierter	4	8 (*15)	im Osten

Zur Latitudo

Im nächsten Beispiel steht der vierte Mond im Norden; weil der zweite sich fast in größter östlicher Entfernung befand, betrug die Latitudo null. Ich addiere also drei Signa zur einfachen Bewegung des vierten und es ergibt sich eine Elongation vom westlichen Endpunkt von 8 Signa, 14 Grad und 49 Minuten; dieser entspricht eine nördliche Latitudo von 14 Sekunden.

Ein weiteres Beispiel zur Latitudo

Am 20. Januar um 6 Uhr morgens desselben Jahres 1613 befand sich der dritte in größter westlicher Elongation; nahe bei ihm, etwa eine Minute entfernt, befand sich zum Jupiter hin der vierte, aber südlich. Zu diesem Zeitpunkt war die mittlere Bewegung beider:

	Signa	Grad	Minuten
Dritter	9	9	3
Vierter	11	5	24

Wegen der Entfernung des Jupiter von der Sonne mußte eine Äquation von 7 Grad 34 Minuten abgezogen werden. Es waren also die ausgeglichenen Bewegungen:

	Signa	Grad	Minuten
Dritter	9	1	29
Vierter	10	27	50

Ergo diſtantia Tertij 8. primorum, Quarti 6. primorum, 53. ſecundorum, utriuſq; verſus occaſum: Verſus ortum erat ſecundus & primus, quam proximi inter ſeſe. Additis nunc tribus ſignis ad medium motum Quarti, & rejectis 12. ſignis, ſeu integro circulo, reſultat elongatio Quarti à termino occidentali, ſig. 2. grad. 5. min. 24. cui reſpondet latitudo auſtralis 13. ſecundorum.

In proxima, & ſi opus fuerit, correctiore editione hujus libelli, plurimas obſervationes candido logiſtæ communicabo, præſertim factas circa utramque quadraturam Iovis & Solis, & circa oppoſitionem eorundem, quibus mediantibus in futuris annis hæ meæ tabulæ corrigi atque emendari poterunt.

APPENDIX PERVTILIS,

Id eſt,

RATIO INQVIRENDI LOCVM JOVIS ET SOLIS, ATQVE ita utriuſq; diſtantiam, abſque Ephemeridibus.

CUm videam in quam plurimorum manibus jam verſari perſpicillum belgicum, ideo ut & ij, qui Ephemerides habere nequeunt, his meis tabulis uti poſſent, ſequentem brevem appendicem ſubjungere volui.

I. PRO

Daher war die Entfernung des dritten Mondes 8 Minuten, des vierten 6 Minuten 53 Sekunden; beide standen im Westen. Im Osten standen sehr nahe beieinander der zweite und der erste. Wenn man nun drei Signa zur mittleren Bewegung des vierten Mondes addiert und 12 Signa oder einen ganzen Kreis abzieht, ergibt sich die Elongation des Vierten vom westlichen Endpunkt als 2 Signa, 5 Grad und 24 Minuten; dieser entspricht eine südliche Latitudo von 13 Sekunden.

In der nächsten und, wenn nötig, um einiges berichtigten Ausgabe dieses Buches werde ich dem verständigen Mathematiker sehr viele Beobachtungen mitteilen, besonders solche, die ich während der beiden Quadraturen von Jupiter und Sonne und deren Opposition gemacht habe. In dieser Weise werden in den kommenden Jahren diese meine Tabellen verbessert und vervollkommnet werden können.

Sehr nützlicher Anhang, nämlich Methode zur Feststellung des Ortes von Jupiter und Sonne und der Entfernung beider ohne Ephemeriden

Ich sehe, daß das belgische Fernrohr sich schon in den Händen so vieler befindet, daß auch jene, für die die Ephemeriden nicht erhältlich sind, meine vorliegenden Tabellen benutzen können; deshalb wollte ich folgenden kurzen Anhang anfügen.

I.

PRO LOCO SOLIS INDAGANDO.

IN Calendarijs meis annuis, ſingulis menſibus annotatur dies introitus Solis in certum ſignum Zodaici. Si itaque ab illo die excluſive uſq; ad propoſitum diem incluſive numeraveris, pro quolibet die accipiendo gradum unum, habebis ſignum & gradum Solis.

II.

PRO LOCO JOVIS.

ANTE omnia notum ſit tibi ſignum Iovis, quod facile colligere poteris itidem ex meis Calendarijs, quando Iupiter Lunæ jungitur: tunc enim Iupiter & Luna in eodem verſantur ſigno: Ut autem gradum Iovis utcunque habeas, ſic procede: Ad datum diem vel ei proximum (ſpacio enim duorum vel trium dierum parum variatur locus Iovis) vide an Luna aliquem aſpectum faciat ad Iovem: Si horæ aſpectus ſunt pomeridianæ, id eſt, quando numerus horarum ad dextram characteris Iovis extat, tunc pro ſingulis duabus horis accipies gradum unum: hos gradus adde gradibus Lunæ, quales ſignati ſunt ad ſingulos dies ſub titulo (Mondslauff) retento tamen ſemper ſigno Iovis. Si vero numerus horarum ad ſiniſtram characteris Iovis reperitur, tunc illas horas ſubtrahe de duodecim, & remanent horæ à meridie retrò numerandæ: pro quibuſlibet duabus horis itidem accipiendus eſt unus gradus, hæcque ſumma ab ijs gradibus ſubtrahenda eſt, qui diei dato in meridie aſſignati ſunt, & habetur gradus ſigni, quod Iupiter occupat.

I. Die Ermittlung der Position der Sonne

In meinen Jahreskalendern ist für die einzelnen Monate der Tag des Eintrittes der Sonne in ein bestimmtes Tierkreiszeichen vermerkt. Wenn man also von jenem Tag ausschließlich bis zu dem gegebenen Tag einschließlich zählt und für jeden Tag ein Grad rechnet, erhält man Signum und Grad der Sonne.

II. Die Position des Jupiter

Vor allem sei Dir das Signum des Jupiter bekannt, das Du leicht auch aus meinen Kalendern entnehmen kannst, wenn Jupiter in Konjunktion mit dem Mond tritt. Dann nämlich halten sich Jupiter und Mond im selben Signum auf. Um aber den Grad des Jupiter so gut es geht zu erhalten, gehe man so vor: Zu einem bestimmten Tag oder an einem ihm benachbarten (in einem Zeitraum von zwei oder drei Tagen verändert sich die Position des Jupiter kaum) achte darauf, ob der Mond irgendeine Stellung zum Jupiter zeigt. Wenn diese Stellung am Nachmittag eintritt, das heißt, wenn die Zahl der Stunden zur Rechten des Zeichens des Jupiter vorhanden ist, dann rechnet man für je zwei Stunden ein Grad. Diese Grad addiere man zu den Graden des Mondes, wie sie für einzelne Tage bezeichnet sind unter dem Titel „Mondslauff", wobei aber immer das Signum des Jupiter beibehalten wird. Wenn man aber die Stundenzahl zur Linken des Jupiterzeichens ermittelt, dann subtrahiere jene Stunden von 12; es bleiben die Stunden übrig, die man vom Mittag rückwärts zählt. Für je zwei Stunden muß wieder ein Grad gerechnet werden; diese Summe zieht man von den Graden ab, die für den gegebenen Tag am Mittag angegeben sind; so erhält man den Grad des Sternzeichens, das der Jupiter einnimmt. Wenn man schließlich Signum und

Subtracto tandem signo & gradu Iovis, à signo & gradu Solis, patefit distantia Iovis & Solis.

EXEMPLVM PRIMVM.

DATUR dies primus Aprilis: Mense præcedente Martio, die decimo assignatur ingressus Solis in Arietem. Ab eo die exclusivè numerando usque in primum Aprilis inclusive, comprehenduntur 22. dies: itaque Sol est ad datum diem in 22. gradu Arietis.

Insuper ex conjunctione Iovis & Lunæ, quæ accidit die 24. Martij manifestum fit, tunc Iovem fuisse in libra Die vero dato, id est, 1. Aprilis, horis quinque post meridiem erat trinus Iovis & Lunæ, his horis respondent duo gradus cum dimidio, qui additi ad quindecim gradus, qui sunt assignati in meridie eiusdem diei, producunt 18. q. gradus: Itaque in 18. gradu libræ versabatur tunc Iupiter. Subtracto nunc signo & gradu Iovis ex signo & gradu Solis, remanet quæsita distanstantia Iovis & Solis 7. signorum, 4. graduum, qualis etiam supra ex Ephemeridibus inventa & deprompta est.

Sequuntur nunc tabulæ ipsæ, supputatæ ad meridianum Onoldinum, qui à Noribergâ versus occasum distat duobus minutis unius horæ.

EPO-

Grad des Jupiter von Signum und Grad der Sonne abzieht, ergibt sich der Abstand des Jupiter von der Sonne.

Beispiel

Gegeben ist der erste April. Im vorausgegangenen Monat März wird dem zehnten Tag der Eintritt der Sonne in den Widder zugeschrieben. Wenn man von diesem Tag ausschließlich bis zum ersten April einschließlich zählt, erhält man 22 Tage. Also ist die Sonne zum gegebenen Tag im 22. Grad des Widder.

Überdies dürfte aus der Konjunktion von Jupiter und Mond, die am 24. März stattfindet, offenbar sein, daß der Jupiter damals in der Waage war. Am gegebenen Tag aber, das heißt am 1. April, fünf Stunden nach Mittag, war der Trinus von Jupiter und Mond. Diesen Stunden entsprechen zweieinhalb Grad; wenn man sie addiert zu 15 Grad, die angegeben sind für den Mittag desselben Tages, erhält man ungefähr 18 Grad. Also stand der Jupiter damals im 18. Grad der Waage. Wenn man nun Signum und Grad des Jupiter von Signum und Grad der Sonne subtrahiert, bleibt die gesuchte Entfernung des Jupiter von der Sonne von sieben Signa und vier Grad übrig. Diese hat man schon vorher aus den Ephemeriden ersehen und entnommen.

Es folgen nun die Tabellen selbst, die ich berechnet habe
auf den Meridian von Ansbach, der von Nürnberg
nach Westen zwei Zeitminuten
entfernt ist.

EPOCHÆ
QUATUOR PLANETARUM JOVIALIUM IN ANNIS COMPLETIS.

	Primi			*Secundi*			*Tertij*			*Quarti*		
	sig.	*gr.*	*m.*	*sig.*	*gr.*	*m.*	*sig.*	*gr.*	*m.*	*sig.*	*gr.*	*m.*
1608	10	20	35	7	22	20	1	26	13	7	3	13
1609	1	17	40	4	3	11	1	8	40	4	15	0
1610	4	14	45	0	14	2	0	19	37	1	26	47
1611	7	11	50	8	24	53	0	0	34	11	8	34
1612	5	2	20	8	17	1	1	1	45	9	11	50
1613	7	29	25	4	27	52	0	12	42	6	23	37
1614	10	26	30	1	8	43	11	23	38	4	5	24
1615	1	23	35	9	19	34	11	4	35	1	17	11
1616	11	14	5	9	11	42	0	5	47	11	20	27
1617	2	11	10	5	22	33	11	16	44	9	2	14
1618	5	8	15	2	3	24	10	27	41	6	14	1
1619	8	5	20	10	14	15	10	8	38	3	25	48
1620	5	25	50	10	6	23	11	9	50	1	29	4
1621	8	22	55	6	17	14	10	20	47	11	10	51
1622	11	20	0	2	28	5	10	1	44	8	22	38
1623	2	17	5	11	8	56	9	12	41	6	4	25
1624	0	7	35	11	1	4	10	13	53	4	7	41
1625	3	4	40	7	11	55	9	24	50	1	19	28
1626	6	1	45	3	22	46	9	5	47	11	1	47
1627	8	28	50	0	3	37	8	16	44	8	13	2
1628	6	19	20	11	25	45	9	17	56	6	16	18
1629	9	16	25	8	6	36	8	28	53	3	28	5
1630	0	13	30	4	17	27	8	9	50	1	9	52

– Zeitpunkte der oberen Konjunktionen der vier Jupitermonde in vollständigen Jahren

JN MENSIBVS ANNI
COMMVNIS.

	Primi			Secundi			Tertij			Quarti		
	ſig.	gr.	m.	ſig.	gr.	m.	ſig.	gr.	m.	ſig.	gr.	m.
Januarius	6	5	55	8	19	59	3	27	43	10	6	1
Februarius	4	1	35	7	6	7	2	24	42	6	7	34
Martius	10	7	30	3	26	6	6	22	25	4	13	35
Aprilis	9	20	0	9	4	48	8	29	54	1	28	7
Majus	3	25	55	5	24	47	0	27	37	0	4	8
Junius	3	8	25	11	3	29	3	5	6	9	18	39
Julius	9	14	20	7	23	29	7	2	49	7	24	40
Auguſtus	3	20	15	4	13	28	11	0	33	6	0	41
September	3	2	45	9	22	10	1	8	1	3	15	13
October	9	8	40	6	12	10	5	5	45	1	21	14
November	8	21	10	11	20	52	7	13	13	11	5	46
December	2	27	5	8	10	51	11	10	57	9	11	47

– *In Monaten eines gewöhnlichen Jahres*

– *Primi, Secundi, Tertij, Quarti: in Bezug auf den 1., 2., 3., 4. Mond*

– *sig. = signa = 30 Winkelgrad*

– *gr. = Winkelgrad*

– *m. = Winkelminuten*

IN MENSIBVS ANNI
BISEXTILIS.

	Primi			Secundi			Tertij			Quarti		
	sig.	*gr.*	*m.*	*sig.*	*gr.*	*m.*	*sig.*	*gr.*	*m.*	*sig.*	*gr.*	*m.*
Januarius	6	5	55	8	19	59	3	27	43	10	6	1
Februarius	10	25	0	10	17	24	4	14	57	6	29	4
Martius	5	0	55	7	7	21	8	12	40	5	5	5
Aprilis	4	13	25	0	16	5	10	20	9	2	19	36
Majus	10	19	20	9	6	4	2	17	52	0	25	38
Junius	10	1	50	2	14	46	4	25	21	10	10	9
Julius	4	7	45	11	4	46	8	23	4	8	16	10
Augustus	10	13	40	7	24	45	0	20	48	6	22	11
September	9	26	10	1	3	27	2	28	16	4	6	43
October	4	2	5	9	23	27	6	26	0	2	12	44
November	3	14	35	3	2	9	9	3	28	11	27	15
December	9	20	30	11	22	8	1	1	12	10	3	16

G *In*

– *In Monaten eines Jahres, welches einen Schalttag enthält*

In Diebus.

Dies	Primi			Secundi			Tertij			Quarti		
	sig.	gr.	m.	sig.	gr.	m.	sig.	gr.	m.	sig.	gr.	m.
1	6	23	25	3	11	17	1	20	15	0	21	29
2	1	16	50	6	22	35	3	10	30	1	12	58
3	8	10	15	10	3	52	5	0	45	2	4	27
4	3	3	40	1	15	10	6	21	0	2	25	56
5	9	27	5	4	26	27	8	11	15	3	17	25
6	4	20	30	8	7	44	10	1	30	4	8	55
7	11	13	55	11	19	2	11	21	45	5	0	23
8	6	7	20	3	0	19	1	12	0	5	21	52
9	1	0	45	6	11	37	3	2	15	6	13	21
10	7	24	10	9	22	54	4	22	30	7	4	50
11	2	17	35	1	4	11	6	12	44	7	26	19
12	9	11	0	4	15	29	8	2	54	8	17	49
13	4	4	25	7	26	46	9	23	14	9	9	18
14	10	27	50	11	8	4	11	13	30	10	0	47
15	5	21	15	2	19	21	1	3	44	10	22	16
16	0	14	40	6	0	38	2	23	59	11	13	45
17	7	8	5	9	11	56	4	14	14	0	5	14
18	2	1	30	0	23	13	6	4	29	0	26	43
19	8	24	55	4	4	31	7	24	44	1	18	12
20	3	18	20	7	15	48	9	14	59	2	9	41
21	10	11	45	10	27	5	11	5	13	3	1	10
22	5	5	10	2	8	23	0	25	29	3	22	39
23	11	28	35	5	19	40	2	15	44	4	14	8
24	6	22	0	9	0	58	4	5	59	5	5	37
25	1	15	25	0	12	15	5	26	14	5	27	6
26	8	8	50	3	23	32	7	16	29	6	18	35
27	3	2	15	7	4	50	9	6	44	7	10	4
28	9	25	40	10	16	7	10	26	59	8	1	33
29	4	19	5	1	27	25	0	17	14	8	23	3
30	11	12	30	5	8	42	2	7	28	9	14	32
31	6	5	55	8	19	59	3	27	43	10	6	1

– *In Tagen*

IN HORIS.

Horæ	Primi			Secundi			Tertij			Quarti		
	ſi.	*gr.*	*m.*	*ſi.*	*gr*	*m*	*ſi.*	*gr.*	*m.*	*ſi.*	*gr.*	*m.*
1	0	8	28	0	4	13	0	2	6	0	0	54
2	0	16	57	0	8	26	0	4	11	0	1	47
3	0	25	26	0	12	40	0	6	17	0	2	41
4	1	3	54	0	16	53	0	8	23	0	3	35
5	1	12	23	0	21	6	0	10	28	0	4	28
6	1	20	51	0	25	19	0	12	34	0	5	22
7	1	29	20	0	29	33	0	14	39	0	6	16
8	2	7	48	1	3	46	0	16	45	0	7	9
9	2	16	17	1	7	59	0	18	51	0	8	3
10	2	24	45	1	12	12	0	20	56	0	8	57
11	3	3	14	1	16	25	0	23	2	0	9	50
12	3	11	42	1	20	39	0	25	8	0	10	44
13	3	20	11	1	24	52	0	27	13	0	11	38
14	3	28	39	1	29	5	0	29	19	0	12	31
15	4	7	8	2	3	18	1	1	24	0	13	25
16	4	15	37	2	7	32	1	3	30	0	14	19
17	4	24	5	2	11	45	1	5	36	0	15	13
18	5	2	34	2	15	58	1	7	41	0	16	6
19	5	11	2	2	20	11	1	9	47	0	17	0
20	5	19	31	2	24	24	1	11	53	0	17	53
21	5	27	59	2	28	38	1	13	58	0	18	47
22	6	6	28	3	2	51	1	16	4	0	19	42
23	6	14	56	3	7	4	1	18	10	0	20	35
24	6	23	25	3	11	17	1	20	15	0	21	29

G 2

– *In Stunden*

In minutis horarum.

Horæ mi	Primi			Secundi			Tertij			Quarti		
nu.	gr.	m.		gr.	m.		gr.	m.		gr.	m.	
5	0	42		0	21		0	10		0	4	
10	1	25		0	42		0	21		0	9	
15	2	7		1	3		0	31		0	14	
20	2	49		1	24		0	42		0	18	
25	3	31		1	45		0	52		0	22	
30	4	14		2	6		1	3		0	27	
35	4	56		2	27		1	13		0	31	
40	5	38		2	48		1	24		0	36	
45	6	21		3	9		1	34		0	40	
50	7	3		3	30		1	45		0	45	
55	7	45		3	51		1	55		0	49	
60	8	28		4	13		2	6		0	54	

Tabula æquationis.

S	A	Æquatio				A	S
si.	si.	gr.	gr.	m.	gr.	si	si
0	6	0	0	0	0	12	6
0	6	5	0	55	25	11	5
0	6	10	1	49	20	11	5
0	6	15	2	43	15	11	5
0	6	20	3	36	10	11	5
0	6	25	4	26	5	11	5
1	7	0	5	16	0	11	5
1	7	10	6	46	20	10	4
1	7	20	8	5	10	10	4
2	8	0	9	8	0	10	4
2	8	15	10	12	15	9	3
3	9	0	10	34	0	9	3

Tabula latitudinis

			Latitudo					
M	B		Pr. & 2	Tertij.	Quarti		B	M
si.	si.	gr.	//	//	//	gr.	si.	si.
0	6	0	0	0	0	0	12	6
0	6	15	3	3	4	15	11	5
1	7	0	5	6	8	0	11	5
1	7	15	7	8	11	15	10	4
2	8	0	8	10	13	0	10	4
2	8	15	9	11	14	15	9	3
3	9	0	10	12	15	0	9	3

– *In Zeitminuten*

– *Tabelle der Ausgleichung*

– *Tabelle der Latitudo*

Tabula diſtantiarum.

			Diſtantiæ										
or:	oc:		Primi		Secundi		Tertij		Quarti			oc:	or:
ſi:	ſi:	gr:	'	''	'	''	'	''	'	''	gr:	ſi:	ſi:
0	6	0	0	0	0	0	0	0	0	0	0	12	6
0	6	5	0	16	0	26	0	42	1	8	25	11	5
0	6	10	0	31	0	51	1	23	2	15	20	11	5
0	6	15	0	47	1	18	2	4	3	22	15	11	5
0	6	20	1	2	1	43	2	44	4	27	10	11	5
0	6	25	1	16	2	7	3	23	5	30	5	11	5
1	7	0	1	30	2	30	4	0	6	30	0	11	5
1	7	5	1	43	2	52	4	35	7	27	25	10	4
1	7	10	1	56	3	13	5	9	8	21	20	10	4
1	7	15	2	7	3	23	5	39	9	12	15	10	4
1	7	20	2	18	3	50	6	8	9	58	10	10	4
1	7	25	2	27	4	6	6	33	10	39	5	10	4
2	8	0	2	36	4	20	6	56	11	16	0	10	4
2	8	5	2	43	4	32	7	15	11	47	25	9	3
2	8	10	2	49	4	42	7	31	12	13	20	9	3
2	8	15	2	54	4	50	7	44	12	33	15	9	3
2	8	20	2	57	4	55	7	53	12	48	10	9	3
2	8	25	2	59	4	58	7	57	12	55	5	9	3
3	9	0	3	0	5	0	8	0	13	0	0	9	3

– *Tabelle der Entfernungen*

Tycho Brahe.
Kupferstich von P. Kilian.

ERRATA.

A 3. facie b. linea 13. in fine, & linea 14. in initio, pro promptitas, lege pernicitas.
B 1. facie a lin. 4. pro, numero, lege, annum.
B 1. f. b. lin. 18. pro, Ioviales, lege, Iovialas.
B 2. f. b. lin. 1. pro, In Europa, Ganimedes, lege, Iö, Europa, Ganymedes.
B 2. f. b. lin. 7. pro, initum, lege, initam.
B 3. f. a. lin. 3. à fine, pro, quantum, lege, quantam.
C 1. f. a. lin. 11. pro, primi, lege, prima.
D 2. f. a. lin. 2. à fine, pro incurram, lege, incurrant.
D 4. f. a. lin. 5. pro, propter, lege, præter.
D 4. f. b. lin. 17. pro apagæo, lege, apogæo.
D 4. f. b. lin. ult. pro, Iovis, lege, in
E 1. f. b. lin. 27. dele, Primi 5.
E 2. f. a. lin. 21. pro, opposita, lege, apposita.
E 4. f. b. lin. 6. pro, planetæ, lege, plane ut.

FINIS.

Weitere Errata (nach Oudemans)

- p. 124: pro **virili** lege **viribus**
- p. 132: pro **DBB** lege **DBE**
- p. 142: pro **minuta** lege **minutas**
- sowie alle mit * versehenen Zahlen

Weitere Errata (Schlör)

- p. 44: pro **ad** lege **at**
- p. 48: pro **provenneretur** lege **proveheretur**
- p. 124: pro **Faciliores** lege **Facilioris**
- p. 126: pro **circumvolui** lege **circumvolvi**
- p. 136: pro **elongationem** lege **elongationum**

Nachwort

Das vorliegende Übersetzungswerk ermöglicht es dem des Lateinischen Unkundigen, das Hauptwerk des bis heute noch nicht hinreichend gewürdigten Gunzenhäuser Astronomen Simon Marius auch aus naturwissenschaftlicher Sicht zu beurteilen.

Marius teilt seinen *Mundus Iovialis* in drei Teile ein. Im ersten behandelt er die Welt des Jupiter im allgemeinen, seine Größe und die der vier Körper, die sie enthält, sowie die Schnelligkeit ihrer Bewegungen. Im zweiten beschreibt er in Form von sieben Phänomenen die Unterschiede der Bewegung, die sie zeigen. Im dritten erklärt er diese Phänomene durch eine sachgemäße Theorie, um schließlich am Hauptziel seines Werkes anzukommen: der Aufstellung der Tabellen, die es erlauben, die Stellungen der Satelliten zu einem gegebenen Zeitpunkt vorauszusagen, und die Art ihrer Benützung.

Was den ersten Teil betrifft, so ist die Abschätzung der linearen Dimensionen sowohl des Jupiter als auch der Umlaufbahnen der Monde mit großen Fehlern behaftet, weil seine Berechnungen auf falschen Angaben beruhen, die von Tycho Brahe übernommen wurden. Marius nimmt an, daß der Durchmesser des Jupiter nur 35/60 von dem der Erde ist, ein Wert, der nur dem neunzehnten Teil des wahren Durchmessers entspricht. Außerdem nimmt er überall in seinem Werk den Winkeldurchmesser des Jupiter bei einer mittleren Entfernung von der Erde mit einer ganzen Winkelminute an, während der wahre Wert nur sechsunddreißig Winkelsekunden beträgt. Diese fehlerhaften Größen haben jedoch keinen nachteiligen Einfluß auf die Erforschung der Bewegungsverhältnisse der vier Jupitertrabanten.

Jeder, der mit der astronomischen Beobachtungspraxis vertraut ist, erkennt bei der Beschreibung der sieben Phänomene, wieviel Zeit und Mühe Marius in dem über etwa vier Jahre andauernden Beobachtungszeitraum aufgewendet haben muß, um zu seinen erstaunlich genauen Umlaufzeiten der vier Monde zu kommen. Nach der Verbesserung der ersten aus dem Jahr 1612 stammenden Werte wichen diese 1614, dem Jahr des Erscheinens des *Mundus Iovialis,* nur mehr um maximal 0,3 Promille (!) von den heute bekannten Werten ab.

Im theoretischen Teil zeigt der Autor, daß sich alle Beobachtungen durch die Bewegung der Monde mit konstanter Bahngeschwindigkeit auf Kreisbahnen erklären lassen. Dabei ist zu sehen, daß er die zu seiner Zeit in der Astronomie benützten mathematischen Methoden sicher beherrschte und auch anwenden konnte. Als besondere Leistung muß hervorgehoben werden, daß es ihm gelang, auch die von ihm sehr sorgfältig beobachtete Bewegung der Monde in der Breite, also senkrecht

zur seitlichen Bewegung, richtig zu erklären durch die Neigung der Bahnebenen der Monde gegen die Äquatorebene des Jupiter.

Die Überprüfung der Brauchbarkeit der am Schluß des Werkes abgedruckten Tabellen mit Hilfe von Computerrechnungen ergibt eine gute Übereinstimmung der Ergebnisse. Damit hat Simon Marius das Hauptziel seines Werkes voll erreicht.

Nun erhebt sich jedoch die interessante Frage, weshalb der *Mundus Iovialis* seinem Verfasser zu seiner Zeit und auch später nicht den ihm gebührenden Ruhm eingebracht hat. Der Grund dafür liegt in den heftigen Angriffen, die Galileo Galilei gegen Simon Marius richtete. Galilei hatte bereits im Juni des Jahres 1610 in seinem *Sidereus nuncius* (Sternenbote) über seine ersten Beobachtungen der Jupitermonde ab dem 7. Januar dieses Jahres berichtet und in den folgenden Jahren auch seine ersten Umlaufzeiten und theoretischen Beiträge zur Erklärung der beobachteten Erscheinungen veröffentlicht. In seiner Schmähschrift bezichtigte er Marius des Plagiats, insbesondere der Übernahme seiner Umlaufzeiten und des Anspruchs der Erstentdeckung der Jupitermonde.

Was die Frage der Erstentdeckung angeht, so ergeben sich aus dem *Mundus Iovialis* einige Ungereimtheiten, die im Zusammenhang stehen mit der im Jahr 1582 in Rom von Papst Gregor XIII. in der päpstlichen Bulle „Inter gravissimas" verkündeten Kalenderreform. Um die Jahreszeiten wieder in Übereinstimmung mit dem Kalender zu bringen, wurden zehn Tage weggelassen; auf den 4. Oktober 1582 folgte sofort der 15. Oktober. Da sich die protestantischen Länder lange Zeit der Annahme des neuen Kalenders widersetzten – in manchen Ländern bis etwa 1700 –, verwendete auch Marius im protestantischen Fürstentum Ansbach in seinem *Mundus Iovialis* noch den alten Julianischen Kalender für Zeitangaben. Wenn Marius deshalb schreibt, daß er am 29. Dezember 1609 ein wenig vor Galilei die Jupitermonde zum erstenmal beobachtete, so entsteht beim Leser ein falscher Eindruck, da dem 29. Dezember 1609 julianisch der 8. Januar 1610 gregorianisch entspricht und somit Marius' Erstentdeckungsdatum in Wahrheit einen Tag später als das von Galilei liegt. Daß Marius über die Verwendung der beiden verschiedenen Kalender Bescheid wußte, zeigt die zweifache Angabe (julianisch/gregorianisch) eines Datums auf Seite 118. Die Frage der Erstentdeckung ist jedoch im Streitfall zwischen Marius und Galilei nur von untergeordneter Bedeutung, da es trotz fehlender Aufzeichnungen sehr wahrscheinlich ist, daß Marius mit dem ihm seit Sommer 1609 zur Verfügung stehenden Fernrohr schon im Spätherbst den Jupiter beobachtete. Diese Vermutung liegt deshalb nahe, weil er in einem Prognosticon der Vorjahre auf die günstige Beobachtungsperiode des Jupiter bei der im Jahr

1609 bevorstehenden Oppositionsstellung hinwies.

Was die Vorwürfe wegen der Umlaufzeiten und der Beobachtungen der Bewegung der Monde in der Breite angeht, haben sehr gründliche Untersuchungen von Oudemans und Bosscha aus dem Jahr 1903 zweifelsfrei gezeigt, daß Marius durch selbständige Arbeit zu seinen Ergebnissen gekommen ist. Es ergab sich, daß seine Werte der Umlaufzeiten genauer waren als die von Galilei bis 1614 veröffentlichten. Außerdem konnte Marius zum Zeitpunkt der Veröffentlichung seiner ersten Werte im Prognosticon von 1613 (Widmung vom 30. Juni 1612) die ersten Abschätzungen der Umlaufzeiten von Galilei in dessen am 23. Juni 1612 versandten Druckschrift kaum gekannt haben.

Es ist eine bedauerliche Tatsache, daß viele zeitgenössische Astronomen sich durch die unbegründeten Vorwürfe des Galilei dazu bringen ließen, die Behauptungen unkritisch zu übernehmen oder sogar in falsch verstandener Hochachtung Galilei in den Schmähungen noch zu übertreffen. Ein unrühmliches Beispiel dieser Art unter vielen anderen war der Ingolstädter Jesuitenpater Christoph Scheiner, der vor allem durch die Beobachtung der damals entdeckten Sonnenflecken bekannt geworden war. Unter seiner Schirmherrschaft brachte 1614 J. G. Locher sein Buch *Disquisitiones Mathematicae* heraus, in dem Scheiner Marius als einen Calvinisten bezeichnet, der vergeblich und ärgerlicherweise versucht habe, glauben zu machen, daß die Jupitermonde nicht von Galilei entdeckt worden seien. Weiter beschreibt Scheiner die Abweichungen der Monde in der Breite genauso, wie sie im *Mundus Iovialis* beschrieben waren, ohne daß er die Übernahme von Marius erwähnte.

Liest man die Beschreibung zum siebten Phänomen und seine theoretische Deutung durch Marius, so läßt es sich leicht denken, daß diese sehr detaillierten Ausführungen und das überzeugende Widerlegen der verfehlten Erklärung Galileis dessen nicht geringes Selbstbewußtsein sicher tief getroffen haben müssen. So ist eine übersteigerte Reaktion des „unfehlbaren" Galilei durchaus nachvollziehbar.

Möge die Übersetzung des *Mundus Iovialis* dazu beitragen, daß sich jeder deutschsprachige Leser ein eigenes Bild von den selbständigen und originellen Leistungen des Simon Marius verschafft und dieser dadurch in der wissenschaftlichen Welt vollständig rehabilitiert wird.

OStR Alois Wilder

Anhang

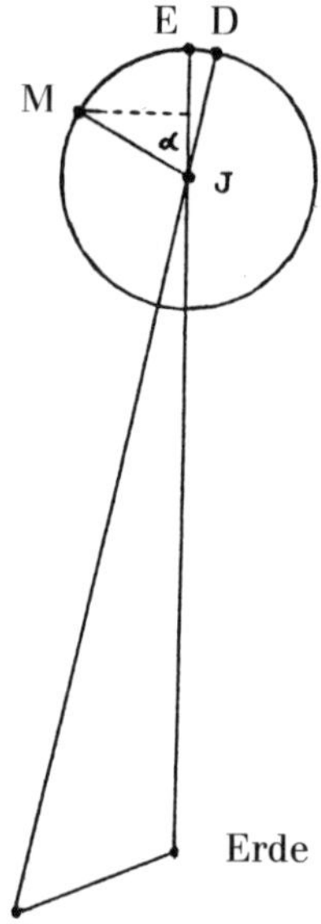

Termini

Aequatio: Äquation, Ausgleichung

J: Jupiter
E: obere Konjunktion
M: beliebiger Bahnpunkt eines Mondes
JD: Jupiterschatten
α: Longitudo
$\alpha = \sphericalangle DJM - \sphericalangle DJE$

Aequatio

Ephemeriden: Beobachtungsbücher der Astronomen, Tabellenbücher mit vorausberechneten Planetenörtern

Epocha: „Haltepunkt"; angenommener Bezugspunkt auf einer Mondbahn. Beginn der Mondbahn um den Jupiter (siehe Skizze oben, „E")

konvex, konkav: Krümmung der Linsen, die in Fernrohren verwendet werden

Galileisches Fernrohr

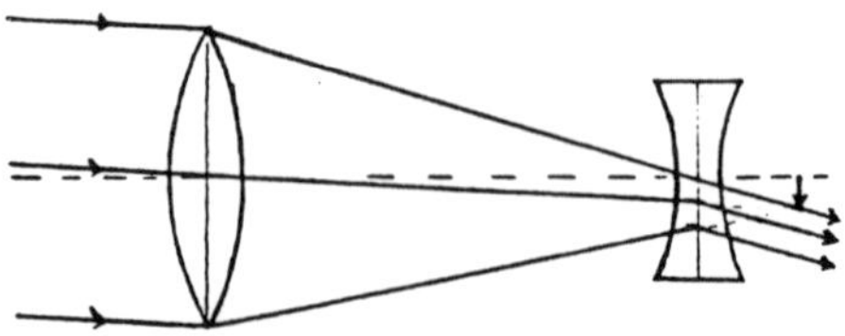

Keplersches Fernrohr

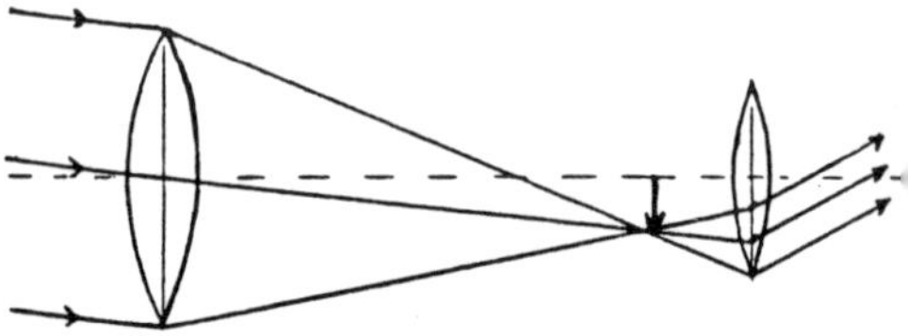

Latitudo: scheinbares Abschweifen eines Mondes senkrecht zum „seitlichen“ Abschweifen als Folge der Neigung der Mondbahn gegen die Äquatorialebene des Jupiter (Winkel ß = 3°)

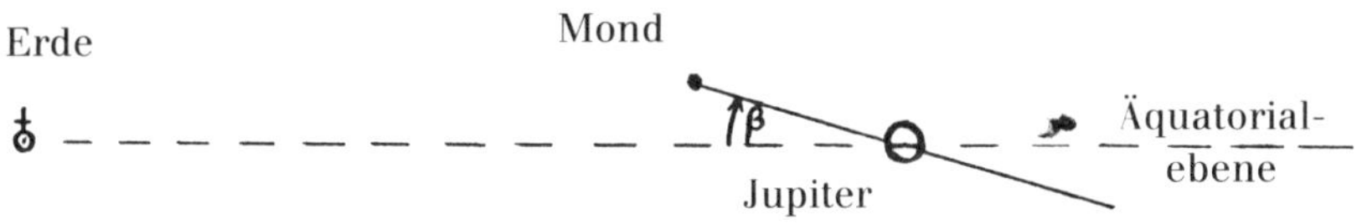

Longitudo: scheinbares „seitliches“ Abschweifen eines Mondes

Die Longitudo ist der Winkel α, der von der oberen Konjunktionsstellung des Mondes und von der nach einer Bewegung veränderten Stellung dieses Mondes eingeschlossen wird.
Mit Hilfe dieses Winkels α können also Bewegungen der Monde zu verschiedenen Zeiten beschrieben werden.

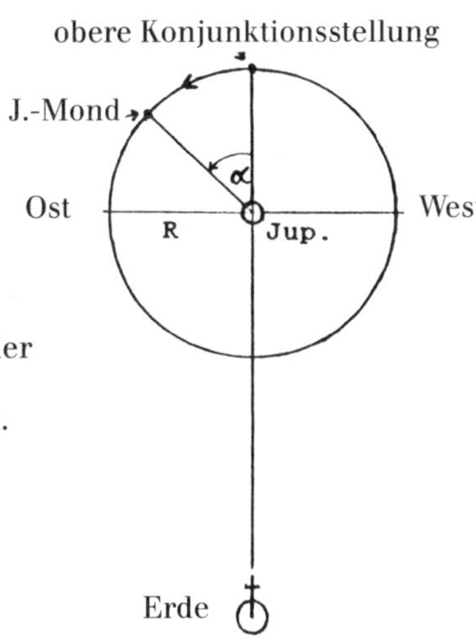

R = Bahnradius des Mondes

Prognosticon (Pl. Prognostica):

Kalender mit Wettervorhersagen für die Jahre 1601 bis 1624; von den insgesamt 23 Schriften sind 19 erhalten; erschienen im Verlag von Marius' Schwiegervater Joseph Lauer in Nürnberg.
Zum Gesamtwerk des Simon Marius gibt gute Informationen der Aufsatz von E. Zinner.

Signum (Pl. Signa):

eine Einheit von 30 Winkelgrad; 12 Signa ergeben 360 Grad. 1 Grad hat 60 Minutae; 1 Minuta hat 60 Secundae Minutae; 1 Secunda Minuta hat 60 Tertiae Minutae.

Einige Daten zu Astronomie und allgemeiner Geschichte

300 v. Chr.	Aristarch von Samos propagiert das heliozentrische System
150 n. Chr.	Klaudios Ptolemaios von Alexandria – *Megale Syntaxis = Almagest* – verficht das geozentrische Weltsystem
1517	Martin Luther schlägt seine Thesen an
1533	Der preußische Hofmathematiker Erasmus Reinhold veröffentlicht seine *Tabulae Prutenicae*
1543	Nikolaus Kopernikus, *De revolutionibus orbium coelestium*
1545	bis 1563: Concilium Tridentinum
1555	Augsburger Konfession
1573	Simon Marius wird in Gunzenhausen geboren
1581	Die Niederlande sagen sich von Philip II. los
1583	Tycho de Brahe, *De nova stella*
1584	Giordano Bruno, *De Causa, Principio, et Uno*
1588	Die Engländer besiegen die spanische Armada
1598	Edikt von Nantes zur Glaubensfreiheit
1600	Giordano Bruno wird wegen seiner Thesen zum Weltsystem verbrannt
1603	Markgraf Georg Friedrich stirbt; ein Bruder des brandenburgischen Kurfürsten Joachim Friedrich, Markgraf Joachim Ernst, übernimmt die Regierung (bis 1625)
1604	bis 1607: Markgraf Joachim Ernst nimmt am Unabhängigkeitskrieg der Niederlande gegen Spanien teil.
1606	bis 1624: Simon Marius ist fürstlicher Hofmathematiker in Ansbach
1607	bis 1610: Artillerieoberst Johann Fuchs von Bimbach ist mächtigster Beamter am Hof in Ansbach
1608	bis 1621: Markgraf Joachim Ernst ist General der Union der protestantischen Fürsten
1609	Johannes Kepler, *Astronomia Nova*
1609	Simon Marius entdeckt die Jupitermonde
1609	Die Niederlande sind unabhängig und glaubensfrei; kulturelle Blüte; Universität Leyden als rein weltliche Universität der modernen Naturwissenschaften; Entwicklung von Fernrohr und Mikroskop
1610	Galileo Galilei, *Nuncius Sidereus:* u. a. zur Entdeckung der Jupitermonde
1612	(4. Oktober): Markgraf Joachim Ernst feiert seine Hochzeit mit Sophia; 1492 Gäste sind geladen zu einer Feier in unerhörter Pracht in der Ansbacher Residenz
1614	Simon Marius, *Mundus Iovialis*
1618	Der Dreißigjährige Krieg beginnt
1619	Kepler wird vom Abendmahl ausgeschlossen
1624	Simon Marius stirbt in Ansbach
1633	Die Inquisition zwingt Galilei zum Widerruf
1986	Die katholische Kirche rehabilitiert Galileo Galilei

[A] Klassisches geo-
zentrisches System

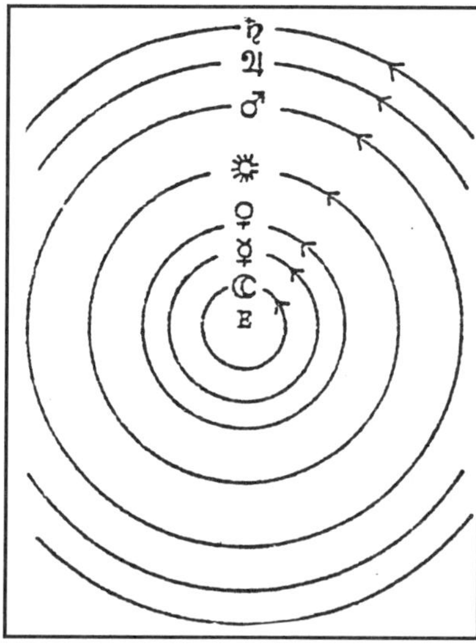

[B] »Ägyptisches« System
des Herakleides

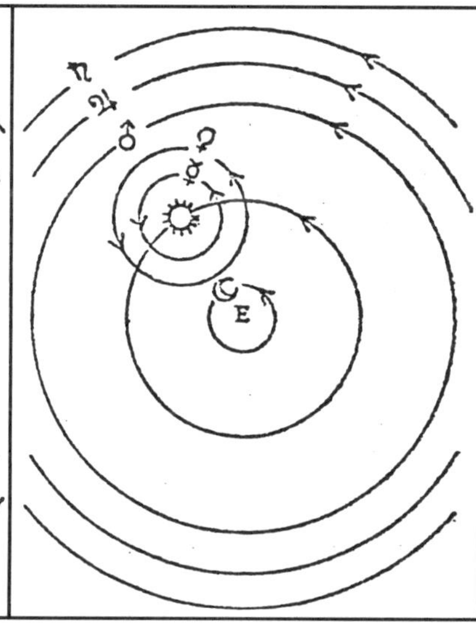

[C] Tycho de Brahes
(und Herakleides'?)
System

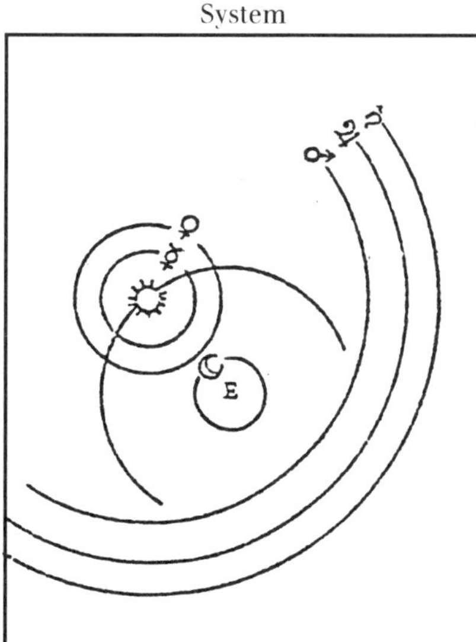

[D] Aristarchos' helio-
zentrisches System

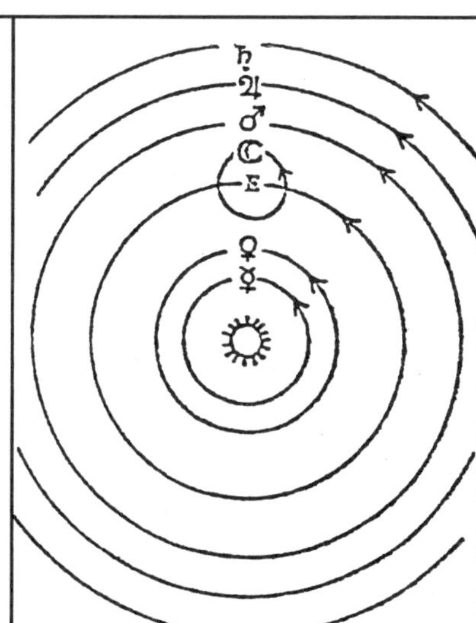

☉ = Sonne ☾ = Mond E = Erde ☿ = Merkur ♀ = Venus
♂ = Mars ♃ = Jupiter ♄ = Saturn

Simon Marius

1573 (10. Januar) geboren in Gunzenhausen als achtes Kind des Büttners Reichart Mayr
1576 Reichart Mayr ist Bürgermeister von Gunzenhausen
1587 Simons Bruder Jakob studiert in Wittenberg
1586 bis 1601: Simon besucht – mit Unterbrechungen – die streng lutherische Fürstliche Akademie zu Heilsbronn (gegründet 1582 im ehemaligen Zisterzienserkloster)
1594 Marius beginnt seine Wetter- und Himmelsbeobachtungen in *Ephemeriden* einzutragen (Handschrift, verschollen)
1596 Marius überreicht dem markgräflichen Konsistorium in Ansbach eine Handschrift mit einer *Darstellung seines Weltbildes* (verschollen)
1596 gedruckte *Schrift über den Kometen von 1596*
1597 und 1598: Marius ersucht vergeblich um ein Stipendium zum Besuch der Universität in Königsberg
1599 *Tabulae Directionum Novae*
1601 bis 1624: 23 *Prognostica* (gedruckt bei Johann Lauer; vier sind verschollen); sonstige Kalender
1601 Reise zu Tycho de Brahe nach Prag; Zusammentreffen mit Dav. Fabricius
1601 bis 1605: Studium der Medizin in Padua
1604 (Oktober): Im Sternbild Ophiuchus leuchtet eine Nova Stella auf; Marius entdeckt sie in Padua noch vor Galilei, bestimmt ihre Helligkeit und genaue Position
1606 Marius wohnt in Ansbach; als fürstlicher Hofastronom erhält er ein Gehalt von 150 Talern;
Heirat mit Felicitas Lauer, Tochter eines Nürnberger Verlegers; zehn Kinder, von denen fünf Söhne früh sterben
1608 Marius erhält über den Artillerieoffizier Fuchs von Bimbach zu Möhren Kenntnis von den in Belgien entwickelten Fernrohren (Herbstmesse in Frankfurt)
1609 (Sommer): Marius erhält ein Fernrohr aus Belgien; erste Beobachtungen; er entdeckt zuerst drei, im Dezember vier Monde um den Jupiter; erste Aufschreibungen ab dem 29. Dezember (nicht erhalten)
1609 (6. Dezember): *Brief an M. Maestlin*
(item vom 29. 12. 1611, 29. 3. 1612, 1. 8. 1613, 15. 6. 1614)
1609 *Elementa Euclidis* (Übersetzung der ersten sechs Bücher aus dem Griechischen ins Deutsche auf Veranlassung durch Fuchs von Bimbach für Zwecke der Landesvermessung, des Festungsbaus und der Geschützkunde)
1612 Marius entdeckt den Andromedanebel
1612 Die Stadt Gunzenhausen schenkt dem Marius einen silbernen Becher zu $6^1/_2$ Gulden (wohl als Anerkennung für seine Entdeckung der Jupitermonde)
1613 (24. August): *Brief an Kepler*
1614 (Widmung vom 18. Februar): *Mundus Iovialis*
1619 *Judicium über den Kometen von 1618*
1620 (19. Dezember): *Brief an J. C. Odontius* (dort: Wappen des Marius)
1624 Nach kurzer Krankheit stirbt Marius am 26. (?) Dezember in Ansbach(?)
1625 *Gründliche Widerlegung der Position Circkel Claudij Ptolemaei*

Zur Mythologie der Namensgebung

(zu Text S. 73 ff.)

Die Geschichte um die Liebesabenteuer des Jupiter mit Io, Europa, Ganymed und Kallisto sind uns von Ovid in seinen *Metamorphosen* überliefert:

Io, Tochter des Fußgottes Inachus, ist Geliebte des Jupiter; um sie vor seiner Gattin Juno zu verbergen, verwandelt dieser sie in eine weiße Kuh; argwöhnisch geworden, läßt Juno sich die Kuh von ihrem Gatten zum Geschenk machen und gibt sie dem hundertäugigen Wächter Argus zur Bewachung; Hermes überlistet den aufmerksamsten aller Wächter, indem er ihm die schöne Geschichte von Pan und Syrinx erzählt und ihn so vom Schlaf überwältigen läßt. Erbost verfolgt Juno die befreite Io; doch als Jupiter seiner Gattin ewige Treue schwört, läßt sich diese besänftigen. Io erhält darauf ihre ursprüngliche Gestalt zurück. Schließlich wird sie zur ägyptischen Göttin Isis. (Ovid, *Metamorphosen* I 583 ff.)

Europa, Tochter des Agenor, des Königs von Phönizien. Jupiter verliebt sich in die schöne junge Frau; um sich ihr nähern zu können, verwandelt sich der Herr des Olymp in einen weißen Stier; er mischt sich unter die am Strand spielenden Mädchen; kaum hat sich Europa im Spiel auf seinen Rücken gesetzt, da entführt sie Jupiter über das Meer nach Kreta. (Ovid, *Metamorphosen* II 833 ff.)

Ganymedes, Sohn des Tros, des Königs von Troja, erregt die Zuneigung des Jupiter wegen seiner besonderen Schönheit. Jupiter verwandelt sich in einen Adler und trägt ihn auf den Olymp; dort ist Ganymed der Mundschenk der Göttertafel. (Ovid, *Metamorphosen* X 155 ff.)

Callisto, Tochter des Lycaon, eines Königs in Arkadien, hat ein Gelübde auf ewige Keuschheit abgelegt. Als aber Jupiter sich ihr inGestalt von Apollo und Artemis nähert, bricht sie ihr Versprechen. Sie wird Mutter des Arkas. Die eifersüchtige Juno verwandelt beide in Bären; Jupiter versetzt sie unter die Sterne. (Ovid, *Metamorphosen* II 401 ff.)

Literaturverzeichnis

Bayer, A., und Merkl, R., *Ansbacher Buchdruck in 350 Jahren* (Ansbach, 1952)

Bosscha, J., „Simon Marius. Réhabilitation d'un astronome calomnié", in: *Archives Nederlandaises des Sciences Exactes et Naturelles,* Ser. II, T. XII, S. 258–307, 490–528 (La Haye, 1907)

Bruno, G., *Über die Ursache, das Prinzip und das Eine* [1584] (Stuttgart, 1986)

Du Cange, D., *Glossarium mediae et infimae latinitatis* (Graz, 1954)

Galileo Galilei in Selbstzeugnissen und Bilddokumenten, ed. J. Hemleben (Reinbek, 1969)

Galilei, G., *Sidereus Nuncius* [1610], ed. H. Blumenberg (Frankfurt, 1980); darin enthalten auch: idem, *Dialog über die Weltsysteme* [1632]

Hofmann, H.H., *Historischer Atlas Bayern, Teil Franken, Reihe 1, Heft 8: Gunzenhausen-Weißenburg* (Kommission für Bayerische Landesgeschichte, München, 1960; Kallmünz/Regensburg)

Hunt, G., und Moore, P., *Jupiter, Ein Atlas des Jupiter, veröffentlicht in Zusammenarbeit mit der Royal Astronomical Society* (Freiburg i. Br., 1982)

Kepler, J., *Gesammelte Werke* (München, 1938–1945); bes. Bd. 2: *Astronomiae Pars Optica* [1604], ed. F. Hammer (1939) und Bd. 6: *Harmonice Mundi* [1619], ed. M. Caspar (1940)

idem, *Opera omnia,* ed. Ch. Frisch (Frankfurt und Erlangen, 1858–1871)

Johannes Kepler, mit Selbstzeugnissen und Bilddokumenten, dargestellt von J. Hemleben (Reinbek, 1971)

Klug, J., „Simon Marius aus Gunzenhausen und Galileo Galilei", in: *Abhandlungen der Bayerischen Akademie der Wissenschaften,* II, Klasse XXII, S. 385–526 (München, 1904)

Kopernikus, N., *Erster Entwurf seines Weltsystems,* ed. F. Rossmann (Darmstadt, 1986)

idem, *Gesamtausgabe,* bes. Bd. 2: *De revolutionibus orbium caelestium* [1543], ed. F. u. K. Zeller (München, 1949)

Nikolaus Kopernikus, mit Selbstzeugnissen und Bilddokumenten, dargestellt von J. Kirchhoff (Reinbek, 1985)

Lux, W., *Gunzenhausen. Das Lebensbild einer fränkischen Kleinstadt* (Oettingen/Bayern, 1963)

Meyer, J., „Osiander und Marius", in: *44. Jahresbericht des Historischen Vereins für Mittelfranken* (Ansbach, 1892)

Müller, R., „Der Astronom Simon Meyr, genannt Marius, aus Gunzenhausen", in der Reihe: *Bayern für Liebhaber* (Bayerischer Rundfunk: München, 1973)

Oertel, G. Chr., *De vita et fatis Simonis Marii* (Erlangen, 1775)

Oudemans, J. A. C., und Bosscha, J., „Galilee et Marius", in: *Archives Nederlandaises des Sciences Exactes et Naturelles,* Ser. II, T. VIII, S. 115–189 (La Haye, 1903)

Schuhmann, G., *Die Markgrafen von Brandenburg-Ansbach* (Ansbach, 1980)

Soderblom, L. A., „The Galilean Moons of Jupiter", *Scientific American,* 242, Nr. 1 (1980), p. 68–83

Wilder, A., „Simon Marius – der Namenspatron unserer Schule", in: *450 Jahre Simon-Marius-Gymnasium Gunzenhausen* (Gunzenhausen, 1981)

Zinner, E., „Zur Ehrenrettung des Simon Marius", in: *Vierteljahresschrift der Astronomischen Gesellschaft,* 77. Jahrgang, 1. Heft (Leipzig, 1942)

Danksagung

Für die Herausgabe des Originaltextes des „Mundus Iovialis“ zum Zwecke der Veröffentlichung des vorliegenden Werkes dankt der Verlag der Staatlichen Bibliothek (Schloßbibliothek) in Ansbach, namentlich Frau Isa Leonhardt.

Unser Dank gilt auch der Stadt Gunzenhausen, namentlich deren Erstem Bürgermeister Willi Hilpert, sowie dem Landkreis Weißenburg-Gunzenhausen, namentlich Herrn Landrat Dr. Karl Friedrich Zink, für deren Interesse und Entgegenkommen.

Reihe Fränkische Geschichte im Schrenk-Verlag

Text: Wolfgang Rathsam
Illustrationen: Josef Reinfuss

120 Seiten, Leinenband
(Restauflage)

BAND 1

Friedrich Merklein

Evangelisch-Lutherische
Kirchengemeinde
St. Martin – Wittelshofen

Schrenk-Verlag
Reihe „Fränkische Geschichte“

120 Seiten

BAND 2

Hermann Kaussler

Der wilde Markgraf

124 Seiten, 12 Schwarzweiß-
abbildungen, vierfarbiger Titel,
farbige historische Karte
im Vorsatz, Fadenheftung

BAND 3

SIMON MARIUS

MUNDUS IOVIALIS
– DIE WELT DES JUPITER –

Die Entdeckung der Jupitermonde
durch den fränkischen Hofmathematiker
und Astronomen Simon Marius
im Jahr 1609
– lateinisch und deutsch –

176 Seiten, Fadenheftung

BAND 4